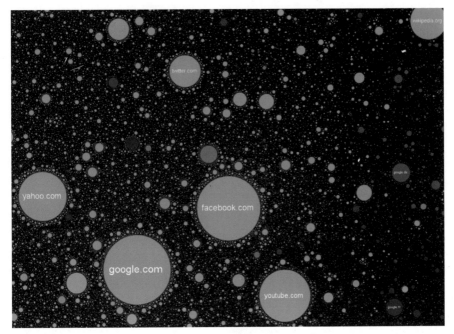

图 1-2　万维网的可视化

图 2-8　用户 – 产品网络

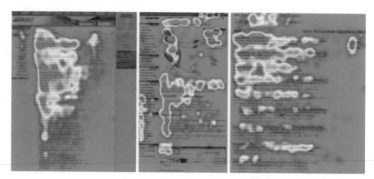

图 2-11 眼动仪记录的浏览网页数据

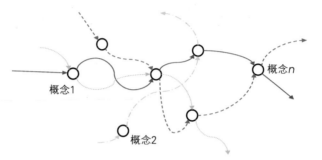

图 3-2 4 个人形成的集体占意流

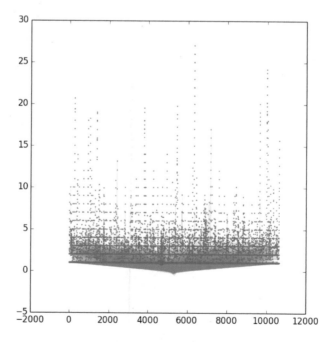

图 3-6 某新闻类网站

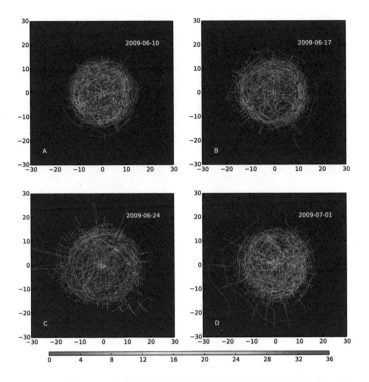

图 3-7　Digg 新闻网站不同日期占意流网络的展示

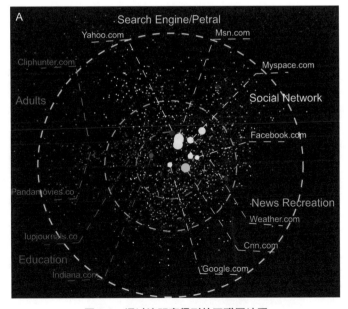

图 3-8　通过流距离得到的互联网地图

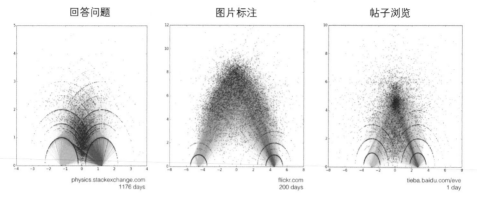

图 3-10　不同的用户行为形成的占意流网络所展现出的不同模式

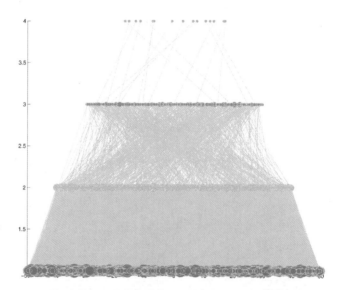

图 3-13　利用印第安纳大学的流量数据绘制的网站形成的占意流金字塔

图 7-12　一种被自动设计的游戏

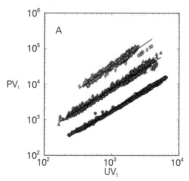

图 A-2　百度贴吧的广义克雷伯定律

集智俱乐部 / 著

走近 2050

注意力、互联网与人工智能

人民邮电出版社

北京

图书在版编目（CIP）数据

走近2050：注意力、互联网与人工智能 / 集智俱乐部著.
-- 北京：人民邮电出版社，2016.7（2022.7重印）
（图灵原创）
ISBN 978-7-115-42421-1

Ⅰ.①走… Ⅱ.①集… Ⅲ.①互联网络 Ⅳ.
①TP393.4

中国版本图书馆CIP数据核字（2016）第109790号

内 容 提 要

本书从注意力的角度解读了包括互联网、人工智能、众包、人类计算、计算机游戏、虚拟现实在内的技术领域及其对社会生活的影响，还创造性地提出了一系列全新的概念：占意理论、图灵机-参与者模型、"游戏＋"时代、意本家、自动游戏设计、自动化创业、占意通货、许愿树，等等。所有这些将为我们理解技术与人类的关系、透视人类社会的未来发展和走向提供深刻的洞察。

本书适用于互联网及人工智能从业人员、企业高管，以及对人类与科技的未来、科技如何影响社会等问题感兴趣的读者。

◆ 著　　　集智俱乐部
　　责任编辑　王军花
　　策划编辑　张　霞
　　责任印制　彭志环

◆ 人民邮电出版社出版发行　　北京市丰台区成寿寺路11号
　　邮编　100164　　电子邮件　315@ptpress.com.cn
　　网址　https://www.ptpress.com.cn
　　北京九州迅驰传媒文化有限公司印刷

◆ 开本：720×960　1/16　　　　彩插：2
　　印张：17.25　　　　　　　　2016年7月第1版
　　字数：279千字　　　　　　　2022年7月北京第8次印刷

定价：59.00元

读者服务热线：(010)84084456-6009　　印装质量热线：(010)81055316
反盗版热线：(010)81055315
广告经营许可证：京东市监广登字20170147号

前言

2050 年的世界会是什么样子的?

这本书给出了这样的回答:人工智能将替代人类完成所有艰苦的工作,人类则将醉生梦死在由机器产生的虚拟或半虚拟世界中;与此同时,所有人和机器将会通过注意力这一纽带——它是机器世界的动力来源,也是人类仅剩的很难被替代的唯一资源——相互连接,形成一个全球大脑。这幅景象很像电影《黑客帝国》(*Matrix*)所描绘的未来:机器创造了大型虚拟世界 Matrix,将所有人圈养其中,同时榨取人类的生物能量为机器使用。只要把这里的"生物能量"替换成"注意力",那么我们就会发现《黑客帝国》所描绘的未来场景已然发生:手机、电脑、电视、电影、投影……大大小小的各式屏幕已然把我们包围,并无时无刻不在将我们宝贵的注意力资源输送给这些屏幕背后的巨大存在——互联网。

当然,这本书并不是一本科幻小说。它描述的是那些已经发生或正在发生的真实事件,以及一种全新的透视未来的视角——人类的注意力。注意力是每个人与生俱来的东西,只要我们处于清醒状态,我们的注意力就会伴随着时间的流逝而产生。从电脑到手机,从屏幕到虚拟现实头盔,从电影到游戏,从网页到社群,这些技术正在学习如何更加高效地赚取和利用人们的注意力资源。于是,从这个视角来看,注意力好比是能量,游戏好比是产生能量的引擎,社群则好比是储存能量的电池,众包与人类计算则是利用能量做功的机械装置……它们都是本书涵盖的主题。

然而,由于大部分人并没有真正认识到注意力这种资源的价值与威力,现代的技术仍然处于利用注意力资源的初级阶段。例如,意愿这一人们对自身需求付出的注意力就未得到应有的重视,而未来人工智能发展的重点之一将会围绕着意愿展开。

另一方面，注意力的流动构成了人们的体验，而人的终极目的就是获得各式各样的体验。现代的大数据应用正试图通过记录人们的行为表现来解读体验，并创造各式应用以满足人们多样性的体验要求。注意、意愿与体验相互交织构成了未来的主旋律。本书则提出了占意这一全新的概念来统领、概括三者，并指出技术的演化目标恰恰就在于对人类意识空间的争夺。

本书结构

作为开篇，第 1 章"众说纷纭"鸟瞰了近半个世纪以来互联网的发展，以及由此引发的人类社会变革。长尾、翻转、开源、共享、社群、人机大战，所有这些经典概念和理论都试图从不同的视角描述我们面临的互联网现象。然而，它们缺乏一个统领的视角——这就是注意力，它是技术的第一推动，也是本书所采用的透视未来的全新视角。

注意力作为基本推动力的说法早已有之，从诺贝尔奖和图灵奖的双料得主、大科学家郝伯特·西蒙，到"注意力经济的爱因斯坦"高德哈伯，从意愿经济之父道克·西尔斯，到体验经济之父派恩斯二世，他们均对注意力提出了独到的见解。第 2 章"第一推动"将带领读者回顾大师们的思想，领略他们的超前洞察力。

"占意"是本书提出的全新概念，它既可以涵盖注意、意愿与体验，又可以表达占据意识空间这一趋势，第 3 章"占意理论"将对"占意"这一全新概念进行全面的论述。与此同时，通过对比占意流与能量流，我们发现了守恒性、耗散性以及层级性等多个相似之处，这为注意力的能量流比拟提供了实证基础。

第 4 章"解读互联网"则从占意理论的视角重新解读了形形色色的互联网现象。从免费逻辑到增长黑客，从 A/B 测试到精益创业，从粉丝经济到社群经济，从体验到共享，一个个纷繁复杂的现象在占意理论的框架下得到了统一的解读。然而，本章并不止步于此，而是进一步提出了诸如"意本家""自动化创业"等全新的概念。

工业革命的大爆发应归功于各式各样利用煤炭、石油、风力、水力等能源装置的发明与创造。如果说注意力可以比拟能量流，那么我们也可以开发各种各样的应用以利用注意力流来做功输出，这就是众包与人类计算。从开源软件、维基百科，再到蛋白质折叠游戏和众包数学项目 PolyMath，注意力的做功输出已经为工程、科学、社会等不同领域创造了大量的价值。通过巧妙的设计，工程师们可以让你在玩游戏的同时自愿地输出注意力资源，从而帮助计算机系统解决各种艰深的问题。将人类的直觉能力和计算机的高强度、高精度计算能力巧妙结合将成为未来的发展趋势，这正是第 5 章"众包与人类计算"所讨论的主题。

无论是老成的 70 后，还是充满幻想的 90 后，正是因为有了《超级玛丽》《俄罗斯方块》《反恐精英》《魔兽世界》这些经典游戏的存在，我们的成长才不至于如此孤独。尽管游戏曾遭到来自家庭、学校以及社会各界的非议，但是不可否认的是，游戏恰恰是获取人类注意力资源的有效工具，也是为机器世界创造源源不断的注意力之流的动力引擎。第 6 章"游戏的世界"带我们回顾游戏发展历史的同时，也探讨了诸如游戏的本质、沉浸与涌现、心流理论等多个严肃主题。除此之外，"游戏 +"将是继"互联网 +"之后的又一次大规模改造传统行业的社会化运动。随着虚拟现实，特别是增强现实技术的成熟，人们将会把越来越多的现实世界中的繁重工作转化成有趣而好玩儿的游戏，娱乐至死将不再是幻想。

AlphaGo 以 4:1 的大比分战胜了人类围棋冠军李世石，围棋这一人类智慧的最后一个圣杯遭到了机器的无情挑战，这一重磅消息的推出使得人工智能再次成为了万众瞩目的焦点。在回顾了人工智能的发展简史之后，第 7 章"占意与人工智能"将讨论的重点放到了如何围绕着人们的注意力这一宝贵资源来开发人工智能上面。我们绕开了深度学习、神经网络这些技术细节和艰深的数学理论，对各式各样的人工智能未来应用展开了畅想——占意通货、许愿树、自动游戏设计、团队组建俄罗斯方块游戏……占意理论指导我们提出了一个又一个奇思妙想。

随着内容的逐渐展开，一个充满奇幻色彩的未来世界将在读者面前呈现。然而，早在 100 年前，物理学家们就已经通过科学透视到了另外一个更加令人匪夷所思的奇幻世界——量子物理。那么量子世界与本书描绘的未来世界是否存在着联系呢？第 8 章"参与者的宇宙"给出了肯定的答案，我们将看到，互联网、人工智能以及未来科技发展的本质就在于"参与者的宇宙"这一哲学观点。观察、注意恰恰意味着参与和改变，一个完全独立于我们的客观宇宙并不存在，所以科技能让我们心想事成、随心所欲的幻想不再是天方夜谭。不仅如此，"图灵机 - 参与者"模型作为本书唯一的数学模型将可能成为描绘人机耦合系统的基础。

作为总结与升华，第 9 章"走近 2050"将以一个充满悬疑与幻想的科幻故事结束全书。在故事的主人公雨滴——一个生活在 2039 年的普通 20 岁女生的带领下，我们将亲临 2050 年的未来世界。在那里，所有的有形物体——房屋、街道、城市、机器人都将幻化成可以任意变形的膜，称为愿望膜，人工智能将无处不在。然而，就在故事的结尾，我们的主人公——雨滴小姐将遇到一个天大的麻烦：她甚至搞不清自己究竟是真实的还是虚幻的……

本书创作者

值得一提的是，本书的创作方式恰恰是实践本书观点的一种尝试。多名集智俱乐部成员通过付出集体注意力和群体智慧，共同创作了这本书。作者包括张江、辛茹月、傅渥成、罗森、曾凡齐、龚力、孔少华、张倩，审读者包括刘志远、莫瑜、秦培朗、高嘉澜、龚文明、徐雷猛、张镇，插图绘制者包括牛景昊、吴令飞、史培腾。

关于勘误及更新

如果读者朋友对本书有任何建议或疑问，都可以到图灵社区本书主页（http://www.ituring.com.cn/book/1839）一起探讨交流或提交勘误。由于本书所讨论的内容大多处于快速发展之中，因此，我们在集智百科开辟了"走近 2050"相关页面，以补充本书未曾来得及探讨的内容和最新进展，该页面的二维码如下。

敬告读者

由于本书部分内容来源于互联网，少数网站链接有失效的可能，如存在影响阅读的情况，请联系集智小助手（微信号：swarmaAI）。

读者评论

我们正处于奇点来临的前夜，科技将以一种前所未有的强度，深刻改变着人类存在方式和社会结构形态。唯一不变的是探索未知世界的好奇心，这是人类进化的永恒动力与源泉。面对这场波澜壮阔的进化征程，我们是否已经准备好了？让我们走近 2050，去触摸人类的前途和终极命运。
　　　　　　　　　　　　　　　　　　　　　　　　　　——东城

注意力、全球脑、量子跃迁、人机和谐共生、协同演化，是网际时代人工智能的前沿理念。本书以通俗的笔法，关联了这些理念，很有看点。
　　　　　　　　　　　　　　　　　　　　　　　　　　——海边拾贝

随着互联网的普及和移动互联网的兴起，各种新鲜事物不断涌现出来：智能手机、微信、支付宝、智能家居、虚拟现实、人工智能。毫无疑问，这些新生事物已经深刻地改变了我们的世界。而种种科技产品背后有着怎样的规律和关系呢？以后的时代，还会出现哪些革命性的事物呢？且听集智科学家们娓娓道来！——George

我们正处于变革的前夜，一切都将会重新定义：什么是工作，什么是玩乐，什么是生活，什么是人生，什么是社会，什么是人类。这个万年未有之大变局已悄然开始，谁也不知道会发生什么。一些充满好奇心的人，朝着未来大门的帘幕里深情地一窥，就有了这样一本书。
　　　　　　　　　　　　　　　　　　　　　　　　　　——天无邪

你的关注将会为这本书注入"能量"，促其得以进化，而书中对未来的美好憧憬都将会一一实现！
　　　　　　　　　　　　　　　　　　　　　　　　　　——小糊涂

数据时代，数据为王，得数据者得市场。占意时代，注意力即生产，得注意力者得生产力。如果说《失控》说对了过去 30 年，那么未来 30 年，我们不妨听一听《走近 2050》的描述，看一看未来的模样。
　　　　　　　　　　　　　　　　　　　　　　　　　　——思齐

（以上读者评论来自集智社群，特此感谢。）

作者简介

张江，北京师范大学系统科学学院教授，集智俱乐部创始人，集智学园（北京）科技有限公司创始人兼董事长，集智研究中心理事长，曾任腾讯研究院特聘顾问。主要关注领域：复杂系统分析与建模、复杂网络与机器学习、规模标度律等。

辛茹月，荷兰阿姆斯特丹大学博士生。研究方向为云应用的异常检测及诊断，研究内容包括时序数据分析、异常检测算法、根因推断等。硕士毕业于北京师范大学系统科学学院，集智活动参与者。

傅渥成，真名唐乾元，南京大学物理学博士，集智科学家，现为日本理化学研究所脑科学中心研究科学家，主要研究领域为统计物理在生命系统和人工智能系统中的应用。作为科普作家，在问答社区"知乎"回答各类科学问题、发表科普文章、举办线上讲座，获得了 20 余万粉丝关注，被评为物理学和生物学领域的优秀回答者以及荣誉会员，曾出版科普书《宇宙从何而来》。

罗森，Web3 Builder，前彩云科技工程师，主要关注加密货币、区块链、人工智能和游戏化，开发有《生命围棋》（gooflife.com）等游戏。

曾凡齐，英国布里斯托大学博士生，研究兴趣有系统科学、多主体建模、大数据分析等。

龚力，前腾讯后端开发工程师，主要工作内容是 CUDA 高性能计算优化和前向推理引擎框架开发，负责将 NLP、CV、TTS 等方向的神经网络模型进行工程化落地。

孔少华，西藏大学经济与管理学院副院长（援藏），中央财经大学文化与经济研究院副教授，北京大学管理学博士，清华大学文化产业管理博士后。目前主要从事文化消费学、文化企业管理、文化产业投融资、数字文化产业、网络文化传播等领域的相关研究。

张倩，集智学园（北京）科技有限公司联合创始人兼 CEO，集智俱乐部核心志愿者，《走近 2050》联合作者，组织编写《深度学习与 PyTorch 实战》《NetLogo 多主体建模入门》，自媒体作者，公众号：倩姐（swarmacomplex）。

目录

第 1 章

众说纷纭

1969 年 10 月 29 日，一根导线将位于洛杉矶加州大学和门洛帕克市的计算机相互连接了起来。紧接着，又有加州大学圣巴巴拉分校和犹他大学的两台计算机分别加入。令人难以置信的是，这 4 台计算机构成的网络——ARPA 网的雏形——竟然就是互联网（Internet）的前身。到今天，经过近 50 年的发展，互联网包括移动互联网已经遍布全世界的每一个角落。据估算，每秒钟都会有将近 100 台设备联入互联网，预计到 2050 年，联网设备会超过 5 百亿台 [1]。

1989 年，欧洲核子研究中心的科学家蒂姆·伯纳斯·李（Tim Berners-Lee）发明了一种超级链接（hyper-link）技术。用户可以通过超链从一个文档跳转到另一个文档。没过几年，这种技术已经相当成熟，成千上万的文档被超链连接成一个互联网之上的新层网络，这就是 WWW（World Wide Web），即万维网。

在今天，我们通常会混淆"万维网"和"互联网"这两种不同的概念。但实际上，互联网是指路由器相互连通的物理网络（如图 1-1 所示，其中每个节点是一个 IP 地址，连线为路由相连），而万维网则是由不同的文档、多媒体文件连通而形成的逻辑网络（如图 1-2 所示，其中每个节点都是一个顶级域名即网站，大小对应的是网站的流量，颜色对应的是语言）。

早期的万维网充斥了大量静态的页面：它们一经创建就不能修改，这就使得制作网页的人与浏览网页的人明显地分成了两大阵营。但随着动态网页技术的出现，越来越多的页面内容可以被浏览者修改甚至创建，用户的行为开始成为互联网演化的主要驱动。2004 年，蒂姆·奥莱利（Tim O'Reilly）和戴尔·多尔蒂（Dale Dougherty）使用"Web 2.0"这个词来概括这种用户高度参与的万维网世界。

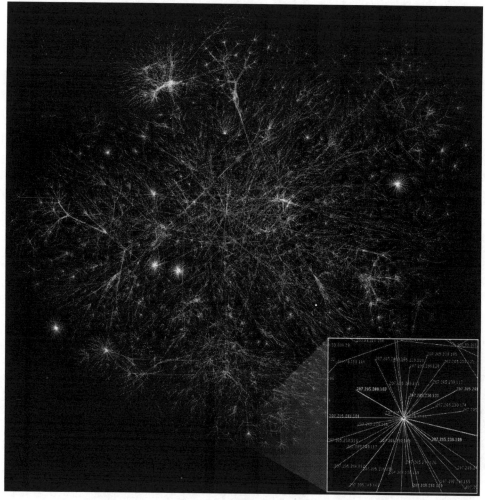

图 1-1　互联网的可视化[①]

---

① 图片来自 https://en.wikipedia.org/wiki/Internet_backbone。

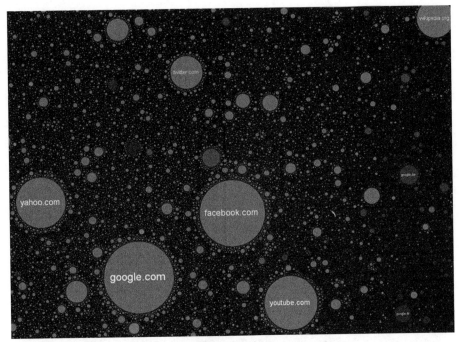

图 1-2　万维网的可视化（另见彩插）[①]

进入 21 世纪以后，随着平板电脑、智能手机等移动设备的普及，人们开始步入移动互联网时代。据统计，到 2014 年 1 月，随着 2G、3G、4G 网络的发展，移动设备的上网时间开始超过台式机电脑设备的总时间。整个互联网生态也发生了重大变革，巴掌大的手机成为了商家争夺的主战场。移动互联网的便捷性使越来越多的人被"卷入"了互联网。截至 2014 年，全世界联网的人口比例已经达到了 60% 之多 [2]。

被卷入互联网世界的不仅是 40 多亿人口，更是人与人之间的社会关系网络。Facebook、Twitter、微信、QQ 等社会化软件的发明，使互联网上的人类不再是一个个孤岛，而是一个个庞大的紧密联系的群体。从 BBS 到论坛，从社区到社群，人与人之间的连接正在以超乎想象的方式跨时空地产生着，大量的无边界组织正在网络上形成。

种种迹象已经充分表明，互联网变革的不仅仅是技术，更是我们整个人类社会。

---

① 图片来自 http://internet-map.net/。

1.1 互联网与社会

2015 年 11 月 11 日 0 点的钟声刚刚敲响，双十一全世界购物狂欢节在互联网上拉开了壮观的帷幕。开场后仅仅 18 秒钟，阿里巴巴天猫商城的总交易额就突破了 1 亿元；17 小时 28 分后，交易额突破 719 亿元，超过了 2014 年全国平均单日零售额。截至 11 日 24 点，双十一当天全网交易额达到了 1229.37 亿元，再次创下了历史新高 [3]，实时交易情况大屏幕如图 1-3 所示。

图 1-3　2015 天猫双 11 全球狂欢节实时交易情况大屏幕①

在这些疯狂的数字背后，是上亿"剁手族"们在互联网上的大规模集体行为。他们已经从一些热衷于网络购物的小众演变成了横跨全世界 232 个国家或地区的庞大群体。更令人吃惊的是，11 月 11 日这样一个普普通通的日期，竟然摇身一变成为全球瞩目的特殊日期——一个全新的节日就这样被中国的互联网电商们活生生地创造了出来。

---

① 图片来自 http://www.miitec.net.cn/html/News/610.html。

然而，双十一购物节并不是孤立的现象，互联网对社会的变革还体现在更多的方面。

• 1.1.1 跨界

人们通常用 OTT（越顶传球）这个词来概括 2013 年到 2015 年间的中国互联网。正是在这两年间，以阿里巴巴的余额宝和腾讯的微信为代表的互联网业务开始大规模跨界，从而倒逼银行、电信、出租汽车等传统行业的变革。

阿里巴巴（以下简称阿里）是全世界最大的 B2B（商家到商家）电子商务公司。然而，自从 2014 年 2 月 8 日阿里推出余额宝产品以后，它已然高姿态地跨界到了金融业。余额宝是阿里公司开发的一款小额金融理财产品。凭借着阿里强大的电子商务平台，余额宝在上线 18 天之后累计用户数达到 251.56 万，累计存量转入资金规模达 57 亿元 [4]。余额宝的日均净转入资金达到 2.8 亿元，远超此前业内预测的 5000 万至 6000 万元 / 天，这也使余额宝背后的增利宝货币基金成为中国用户数量最大的货币基金。可以说，阿里巴巴这个互联网电商公司已然成为了传统商业银行的重要威胁 [5]。

腾讯的微信（WeChat）则是另一个成功跨界并实现越顶传球的例子。微信诞生于 2011 年，起初仅仅是一款不起眼的手机端即时通信应用。由于微信支持跨通信运营商、跨操作系统平台并且免费的业务模式，这使它完全"跨越"了运营商的短信业务和语音业务。移动、电信和联通彼此竞争很多年，不分胜负，结果却突然发现，原来腾讯才是他们最大的竞争对手：三大运营商收费的主营业务因为微信的跨界而变得岌岌可危。有调研数据显示，用户使用微信后 3 个月与其前 3 个月相比，人均短信下降 16%~17%，平均用户每月通话时间下降 5%。而对于微信来说，除了跨界与运营商竞争，它的跨界还在继续着。2014 年微信和滴滴打车合作成功，实现了移动跨界营销。2014 年春节微信推出的微信红包，仅仅两天就绑定了 2 亿张个人银行卡，取得了支付宝 8 年的成果，同时也将微信支付业务的用户人群从青年推广到了全民，成功实现了对移动支付行业的跨界。截至 2015 年第一季度，微信已经覆盖中国 90% 以上的智能手机，月活跃用户达到了 5.49 亿，用户覆盖 200 多个国家、超过 20 种语言 [6][7]。

另一个跨界的例子来自人工智能天气预报。你想知道你所在的地区未来一小时内会不会下雨吗？一款名为"彩云天气"的 App 使传统的"局部地区有雨"的天气预报模式成为过去。彩云天气通过收集气象云图，运用先进的机器学习技术，成功地实现了传统气象界很难做到的精准定点天气预报。截至 2016 年 3 月，彩云天气 App 的日活跃用户达到了 15 万以上，下载总量高达 150 万次；位列苹果天气类付费和畅销榜第一名，免费软件前 10，广告和付费软件年收入 100 万以上。此外，彩云天气还在为中国天气通、360 天气、讯飞语音助手、小米手机等商家提供天气预报数据。更重要的是，彩云天气是中国气象局官方指定合作伙伴，为气象局官方 App 提供天气预报数据。这是一次精彩的越顶传球——一次从人工智能到气象行业的成功跨界。

• 1.1.2　长尾

2009 年 10 月，一家名为"瑕不掩瑜"的淘宝小店开张了[①]。这是一家婴儿衣服的专卖店。虽然它的衣服都有瑕疵，要么有跳线，要么有残洞。但令人意想不到的是，在没有专门做广告和推广的情况下，生意却异常火爆。客户的评价也是百分百好评："早就做了有瑕疵的心理准备，收到手，发现瑕疵原来那么小，真是赚到了！"诸如此类。总之，这家卖瑕疵品的淘宝店生意火爆，但这是怎么回事儿呢？

原来很多爱美的年轻妈妈都希望让自己的宝宝一出生就穿上最漂亮、最时尚的衣服。但是，一件名牌的婴儿连体衣却动辄上百元。更可惜的是，宝宝在吃奶的时候很容易把衣服弄脏，这样，一天起码要换四五件。而如果买市场上便宜的衣服，她们又嫌质量太差，样式太土。怎么办呢？这位"瑕不掩瑜"小店店主发现，中国很多婴儿服装加工厂在完成国外知名品牌的订单的时候总会甩出一些有小瑕疵的衣服，但这些瑕疵完全不影响婴儿穿着。于是，店主可以以很低的价格满足那些年轻妈妈们的需求。

类似的商家和小众买家在淘宝网上还有很多。"没有淘不到的宝贝，没有卖不出去的宝贝"，不管是奢侈品、数码产品，还是衣服鞋子零食，甚至是虚拟世界的账号，在"万能的淘宝"上都能找到。淘宝网的成功不仅在于它所经营的大品牌商品，

---

① 该店铺后因店主读研而关闭。

而且在于它还经营大量的冷门、小众商品。每天成交的数以万计的商品中，**80%** 都是那些位于最基层、利润空间已经很小的商品 [8]。然而，其实小众只是一个相对的**概念**，从绝对数上看，这些小众的集合却是一个千万人的大市场，将这些数量众多的群体汇集起来，就可以形成非常可观的经济效益。

美国《连线》杂志前任主编克里斯·安德森（Chris Andersen）将这一现象命名为长尾（long tail）。如果我们将淘宝上的商品按照流行程度或交易额进行从大到小的排序，就会得到一条拖着长长尾巴的曲线（如图 1-4 所示，横轴为商品排序，纵轴为商品的销售额或流行度）。具有瑕疵的婴儿服装正位于这条长长的尾巴上，这些商品虽然小众但却不容小觑。随着互联网的发展，位于长尾部分的商品将不再受货架、仓库等物理限制，并能够被人们方便地检索到，所以，长尾的集合实际上可以为我们带来非常大的收益。

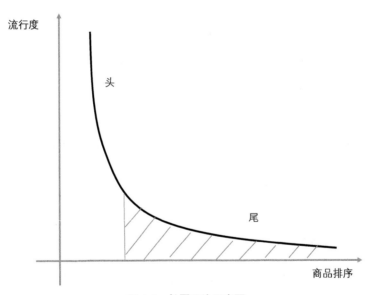

图 1-4　长尾理论示意图

淘宝正是一个利用长尾理论而盈利的公司。截至 2013 年年底，淘宝、天猫与聚划算构成的"中国零售平台"交易总额（GMV）达到 15 420 亿元（约合 2480 亿美元）远超 eBay 和亚马逊，成为全球第一的网络销售平台。淘宝和天猫的活跃买家数超过 2.31 亿，活跃的卖家数大约为 800 万 [8][9]。

• 1.1.3 翻转

如果说长尾理论的成功使我们可以有机会聆听到小众的声音，那么翻转现象则使台下的个体得以站到台上。

从《超级女声》到《中国好声音》，近年来热播的选秀娱乐节目可谓是体现互联网翻转思想的最好案例。以前的演唱会、电视娱乐节目的主角都是明星、大腕，观众则坐在台下或电视前被动地视听；而现在却翻转了过来，以前的观众到了台上，明星大腕则成为了评委或导师坐在台下。由于普通人很有可能在海选中脱颖而出，所以这种节目往往在播出前就吊足了观众的胃口——毕竟很多人都有一个明星梦。

在诸多选秀类娱乐节目中，《中国好声音》可谓是典型的代表。根据数据显示，2015 年度《中国好声音》第四季总决赛收视率已经高达 6.566%，份额接近 30%，也就是说，在当晚打开电视的观众中，每 4 人至少有 1 人在收看。在 10 月 7 日决赛当晚，《中国好声音》官方微博发出诸如"巅峰之夜"之类的话题，阅读量达到 1.1 亿，参与讨论的人数有 13.7 万。

另外一个角色对调的例子就是"翻转课堂"（Flipped Classroom）。2012 年以来，经营在线课程的互联网公司纷纷涌现并获得了飞速发展，从 Udacity、Coursera 到 edX、Udemy，它们以免费、高质量的课程内容为卖点，为学习者提供广泛的在线支持，包括课程任务布置、学习评估、师生和生生之间的互动交流，甚至为顺利完成课程的学生提供学习证书。这类服务受到了广泛欢迎，人们将这一类新兴的大规模开放在线教育模式称为 MOOC（Massive Online Open Course）[10]。

MOOC 导致了一种全新教育方式的出现，这就是翻转课堂。在这样的课堂上，主导者由教师翻转成为了学生，真正地实施以学生为中心的教学设计，实现以问题或项目任务为导向的学习（Problem or Project-Based Learning，PBL）。与此同时，课堂内外教与学的时间也发生了翻转：课外的时间从过去让学生做作业"翻转"为现在让学生在线上或线下自学教师预录（或预留）的教学内容；课内的时间从过去由教师讲授知识"翻转"为现在的教师答疑或学生互动讨论[11]。

诸如此类的翻转例子还有很多，这让我们每个人的社会角色都会发生天翻地覆的变化。

1.1.4　开源运动

随着互联网的普及，倡导去中心化、去权威的呼声越来越高。普通的芸芸众生不仅被翻转到了历史舞台的中心，而且破除了"乌合之众"的诅咒，展现出了群体的智慧，开创了全新的局面。开源运动于 20 世纪 80 年代打响了第一枪。

1983 年，正当微软公司推出的 DOS 操作系统一统江湖的时候，一位来自于麻省理工大学的计算机专家，同时也是一名桀骜不驯的电脑黑客，竟开始站出来与微软公开叫板。他就是开源运动的发起人理查德·斯托曼（Richard Stallman）。他发起了一个名为 GNU 的计划，致力于一系列完全开放源代码的软件，即把软件的源代码在互联网上公开，任何人都可以免费地使用。GNU 是什么？它是"GNU 不是 UNIX"的缩写——这是只有程序员高手才能看懂的一种搞笑的递归定义 [3]。GNU Community 标志如图 1-5 所示。

图 1-5　GNU Community 标志

GNU 软件是开源的，这就意味着任何人都可以随意地访问、复制，甚至改写和添加源代码。因此，很快它就不再是斯托曼一个人的事业。越来越多的人开始借助互联网参与其中，他们帮助斯托曼一起修改代码，并添加自己的贡献。很快，这些软件的复杂度就远远超出了斯托曼的想象。虽然 GNU 的影响力极其有限，但毕竟打响了开源运动的第一枪。

1991 年 8 月，一位来自芬兰的小伙子林纳斯·托瓦兹（Linus Torvalds）在网络上发布了一个帖子："我正在编写一个（免费的）操作系统（只是业余爱好，没 GNU 那么专业，也没那么复杂）……"这个操作系统就是后来大名鼎鼎的 Linux 系统（见图 1-6）。林纳斯通过网上发贴招募合作者，仅仅两年多的时间，就有上千名程序高手参与进来，帮助改进 Linux 系统。从此，一场真正的革命——开放源代码——就轰轰烈烈地开展起来了。[12]

当时，微软公司总裁比尔·盖茨压根就没有把这些年轻黑客们的 Linux 放在眼里。然而，几年过后，Linux 遍布世界各地，无论是手机、PC 机，还是大型服务器，上面都有 Linux 的身影。更重要的是，随着 Linux 的普及，开源软件的精神更加深入人心了。如今，无论是 GitHub 还是 SourceForge 等网站，都有成千上万的开源项目向用户开放着。更具讽刺意味的是，微软、IBM 这类大公司后来也不得不采取开放源代码的方式进行开发。

图 1-6　Linux 标志

群体的力量不仅可以开发出高技术含量的操作系统，而且还创造了迄今为止全世界最大的百科全书：维基百科。早在 1990 年，拉里·桑格（Larry Sanger）和吉米·威尔士（Jimmy Wales）就受到了开源软件运动的影响，决定采用开源的方式做一部基于互联网的百科全书：维基百科。2007 年 9 月，维基百科超越了老牌的《大英百科全书》，成为全世界最大的百科全书。到目前为止，维基百科已经有 288 个不同的语言版本，其中，最大的英文维基百科共收录了 490 万个词条。2005 年，吉米·威尔士在《科学》杂志上发表文章指出，在比较了 42 个科技词条之后，发现维基百科已经达到了《大英百科全书》的精准度 [13]。

• 1.1.5　共享

如今，开源和免费已经成为了互联网世界中的一种普遍现象。在这里，你不仅可以得到来自普通网民的免费帮助，获取到免费的数字资源，甚至可以下载到免费的开源软件，获取到免费而高质量的教育资源。为什么这么多东西都可以免费呢？其本质原因就在于信息比物质更容易复制，信息在扩张、增值过程中的边际成本几乎等于零。因此，人们会非常乐于共享自己的资源。因为在分享的过程中不仅没有损失，而且可以获得共享的快乐和别人的感激。所以，共享也成为了互联网精神的代名词。

然而，令人震撼的是，自从 2009 年以来，在互联网共享精神的鼓舞之下，Uber 和 Airbnb 的诞生了，这标志着人们不仅可以共享比特世界中的信息，还可以共享原子世界中的物质：车子与房子。

Uber 是一款普通的打车 App，但是它的出现却使出租车行业进入了共享时代。在 Uber 面世之前，美国的出租车行业面临着车脏、叫车慢、服务态度差、昂贵和无法使用信用卡支付等种种问题。据 Uber 创始人特拉维斯·卡兰尼克（Travis Kalanick）说，乘客要的服务无非是在手机上点几下就可以迅速叫到车。正是带着这个想法，卡兰尼克创立了 Uber。

Uber 的便捷正是因为其"共享"的特点，凡是在 Uber 平台上提出申请且符合资格的车主都可成为拼车合作司机，而 Uber 主要承担公益性拼车服务平台的角色。各行各业的人都有机会成为"出租车司机"，这不仅缓解了出租车叫车慢等问题，而且也使乘客获得了不同的乘车体验。Uber 的出现逐渐打破了传统出租车行业的格局，凭借其便利性和独特的体验，Uber 用户人数迅速增长。卡兰尼克在 2015 年 1 月份的一次演讲中提到，在硅谷北端的旧金山市，传统出租车业务一年的营收大约为 1.4 亿美元。与之相比，Uber 的营收却为 5 亿美元，已是它的 3 倍多。在旧金山这个局部市场，使用 Uber 的用户还不到全市总人口的 25%，Uber 一年的营收增长速度是 200%。在纽约、伦敦等城市，Uber 载客的人次数每年正在以 3~6 倍的速度增长 [14]。

共享的除了车子，还可以有房子。与传统的入住酒店不同，Airbnb 给出行的人提供了一个新的住宿选择——住在陌生人的家里。在美国，大量住房实际上处于一种空置的状态。利用 Airbnb，房东就可以充分利用这些闲置的资源，与全世界的人分享他们的房间；对于入住的房客来说，他们则能体验到家一样的服务，在独特的地点拥有独特的体验。比如在城堡住一周，在别墅住一个月。再比如去巴黎旅游的游客，可以住在当地人的家里，充分体验当地的风土人情，等等。这种体验正如 Airbnb 的口号所表达的那样：家在四方（Belong Anywhere）[15]。截至 2015 年 1 月份，Airbnb 上已经有了 100 万个住所、2600 万房客，房客最多的一晚达到了 55 万 [16]。

随着 Uber 和 Airbnb 的模式被人们进一步地接受和普及，一种新型的经济模式正在逐渐浮出水面——共享经济。事实上，如果人们将关注点从物质的所有权转移到它的使用权，就会发现，我们的社会存在着太多太多的资源闲置与浪费。于是，通过免费或收费的方式，将资产或服务在个人之间进行共享，就可以更有效地利用这些资源，释放出全新的经济增长模式。借由共享经济，你可以在自己的需求得到满足的情况下，将闲置的资产（比如汽车、公寓、自行车或 Wi-Fi 网络）出租给他人。据估计，到 2025 年，全球共享经济的市场价值将超过 3350 亿美元。[17]

• 1.1.6 社群

社群是一种基于互联网的人与人的组织方式。随着 QQ、微信等即时聊天工具的产生与发展，人与人可以跨越时空的隔阂，相互连接形成一个紧密的团体。于是，人们可以单凭兴趣而连接，而忽略掉许多的世俗因素。每天，这样的社群都会在互联网上诞生，它们有的就是闲聊娱乐，有的却在创造着实体价值，甚至开发出产品。

小米手机是一个利用社群改革传统手机行业的典型例子。2010 年 4 月 6 日，小米公司创立，估值是 2500 万美元。2010 年年底，小米完成 A 轮融资，估值变成了 2.5 亿美元。2014 年第三季度，小米成为中国手机销量冠军，世界第三，仅次于三星和苹果！虽然小米手机采用了与三星等大厂商同等规格的高配置，但它的售价却仅有三星同类手机价格的一半。[18] 有人给小米算过账，它的售价与成本几乎相等，也就是说小米卖手机并不赚钱。那小米为什么能够获得如此成功呢？

答案是小米的背后有一个产品型社群，是社群的力量促成了小米的成功。2010 年，小米从一些手机开发论坛组织了一批手机发烧友，他们日后成为了小米的铁杆粉丝，并与小米共同研发 MIUI 操作系统。随着这个群体的规模进一步扩大，他们已经不满足于在三星、苹果等手机下刷机运行 MIUI 系统。在这群粉丝的强烈要求下，小米开始手机的研发工作。在整个过程中，铁杆粉丝都充分地参与了进来。所以，小米手机并不是小米公司设计出来的产品，而是从小米社群中自发生长出来的。小米手机不再是一款冷冰冰的产品，它凝结了数万粉丝的情感。这种产品根本不需要做广告，它的粉丝就会帮助推广。

2003 年，一个不起眼的网站"集智俱乐部"在互联网世界诞生了。复杂系统、人工智能、神经网络、多主体模拟，一个个高冷而陌生的学术名词出现在这个朴素的网站上。2008 年，这个网站背后的年轻人开始走到线下，组织了大量的公开讲座和读书会，并迅速发展起来。2015 年 7 月，集智俱乐部在南京大学组织了第一届学术会议。会议主办方仅仅在豆瓣、集智俱乐部网站等平台发布了活动消息，但与会现场却异常火爆，让主办方也大吃一惊。集智俱乐部不依附于任何大学或研究院所，是一个没有任何经济盈利的民间学术团体，但它却产生了如此之大的黏性。本书的写作正是集智俱乐部成员采用集体众包的方式完成的，在它的背后是整个集智俱乐部社群的力量。

• 1.1.7 人机大战

2016 年 3 月 15 日，当著名围棋大师李世石投弃最后一颗棋子的时候，全世界共同见证了这一刻——人类丢失了智力王国中的最后一块阵地——围棋，机器大获全胜。

当人们认为计算机在围棋上战胜人类还至少需要 10 年时间的时候，Google 旗下 DeepMind 公司开发的 AlphaGo 人工智能围棋程序就已经通过自我学习的方式战胜了人类世界冠军。从此，计算机将在所有棋类比赛中摘取桂冠已然毫无悬念。

自从 1956 年诞生以来，在经历了近 60 年时间的"卧薪尝胆"之后，人工智能终于开始厚积薄发了。随着互联网、大数据、高性能计算以及最新的深度学习技术的大范围融合，人工智能取得了突破性的成果。先是 Google 大脑从大量的 YouTube 视频中自发学习到了"猫"的画面，后是人工智能自己学会玩各种 Atari 计算机游戏，再是后来这次令人大跌眼镜的人机大战。所有人都深刻感受到了人工智能的存在与威胁。

于是，一场旷日持久的大讨论开始在全社会范围内展开：人工智能已经来到了我们身边。无论是清洁工、公交车司机，还是医生、律师、大学教授，所有这些人类工作岗位都在面临着被人工智能替代的风险。未来是否会爆发一场由于人类大量失业而引发的人机战争？《终结者》中所描述的场景是否会在现实中出现？我们是否应该警惕人工智能的研究以防止机器的觉醒？面对强大的人工智能，我们真的做好准备了吗？

1.2 互联网的动力

当我们领略到互联网突飞猛进的发展以及它对我们的社会生活产生的重大影响之后，我们不禁开始思考，这些现象发生的本质原因是什么？

要回答这个问题，我们需要做大尺度的思考，即忽略掉大量的技术细节，用一种前瞻性的眼光看待整个互联网以及人类社会的演化。我们看到，影响互联网发展的力量无非有两种，一种是技术，另一种就是人。

从早期的 ARPANET，到后来的移动互联网，每一次技术进步都无疑改革着整个互联网的生态。凯文·凯利（Kevin Kelly）在《技术想要什么》一书中表达了这样的观点：虽然说技术作为一个整体，具备自己的生命，但这并不意味着它可以完全脱离人类而存在。技术对于人的关系就好比人类对于大自然的关系：人可以对技术进行选择，而技术则要满足人类的需求。回顾整个技术的发展历史，我们发现，所有技术的发明都是由人类的需求刺激出来的。没有满足人类需求的技术就会被市场所淘汰。但就目前来看，技术创新的速度已然超越了市场的接纳和消化程度。任何一种东西如果发展过快、过剩，都意味着这种东西的贬值；与此同时，它的反面就会变得越来越重要。于是，我们认为，人而非技术才是推动互联网进化的主要因素。

• 1.2.1 注意力"能量"

然而，人无疑是这个世界上最复杂的事物，有着太多的侧面：生理、心理、情感、性格、社会等都是构成人的重要因素。那么，究竟什么才是推动互联网进化的最主要因素呢？

让我们抛弃一切纷繁复杂的差异，追问人性中的最本质共性。我们会发现，人之所以为人，就是因为每个人的灵魂中都有一个正在思考问题的自我。就像著名的哲学家兼数学家笛卡儿所说的：我思故我在。世界上唯一可以确认的东西就是那个正在思考的我的存在。那我是什么呢？我无非就是一段持续演进的意识流，即人的注意。于是，我们的结论就是：**人类的注意力推动了整个互联网的进化**。

想象这样一幅图景：人将自身的注意力投射给互联网，从而为机器世界提供着源源不断的动力；而机器则为人提供了不间断的娱乐和沉浸的服务。这与著名电影《黑客帝国》所描述的情景非常相似。

《黑客帝国》中的故事

在 22 世纪，机器统治了人类。它们的统治方法不是杀掉人，而是把人圈养起来。机器建造了一个大型的虚拟世界，叫 Matrix。所有人都通过脑后的插孔而连接其中，并生活在这个虚拟世界里。人所看到、听到、闻到，甚至是触摸到的一切都来源于 Matrix 所产生的"虚假信号"。而真实的人，则变成了一个个发电机，将生物电供给机器。因此人为机器供给能量，而机器则给人提供了一个大型虚拟世界，供人们在其中醉生梦死。

虽然这是科幻电影，但这个场景一点都不陌生。我们可以换一种方式来理解"能量"：它不是实实在在的能用焦耳度量的物理能量，而是我们的注意力。那么，这幅场景其实正在发生。为了娱乐，我们将宝贵的注意力奉献给了游戏、程序、电视节目、电影等虚拟世界。想想看，一天 24 小时的生活，你除了睡觉、吃饭，是不是有 80%~90% 的时间是在面对各种各样的屏幕？当你注视这些屏幕时，你已经把你的注意力投射给了屏幕背后的机器世界，只有被你注意到的程序和应用，才会向前发展，才会更新换代。所以，事实上，注意力就是一种"能量"。如果这样理解的话，就会发现《黑客帝国》所描述的情景正在发生。而且人类贡献的注意力总量还会进一步提高，因为会有越来越多的人买手机、平板、电视，从而进入虚拟世界。如果离开虚拟世界，现代人几乎无法生活。

如果把计算机看成生态系统，那么每个 01 程序段就是一个生命体，CPU 时间就像是太阳的光。能够争夺到 CPU 时间的程序才可以完成运算，并被经常地使用，人们才有可能去改进它。反过来，没有人使用的程序，实际上是没有用的。是什么决定了 CPU 时间的分配呢？恰恰是坐在屏幕前的人，是你的注意力。你注意到的程序才可能被使用。所以，人就像太阳，注意力就像能量，是它辐射了程序世界，促进了它们的进化，如图 1-7 所示。

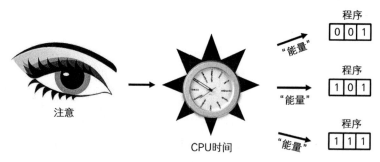

图 1-7　数字程序生态系统

一个非常有趣的小程序可以很好地说明这一点。生物学家理查德·道金斯（Richard Dawkins）在他 1986 年出版的著作《盲眼钟表匠》中提到了一个叫作 Biomorph（"生物变形"）的小程序 [19]，用以展示自然选择、优胜劣汰的生物进化法则。

　　一群由简单编码构成的数字生物形态被绘制在屏幕上，玩家通过鼠标点选其中一个看起来比较"顺眼"的数字生物，于是该程序就会按照遗传算法的方法模拟繁衍：将此数字生物的基因串复制若干份，并且在每一次复制的过程中都会以一定的概率发生变异。新产生的子代会替换掉原来屏幕上的所有生物形态而展现在玩家的面前，于是玩家再进一步选择……

遗传算法

　　遗传算法是一种高效的问题求解和搜索的自动化算法。它通过将计算机中的程序类比为自然界的生物体，模仿自然界中 DNA 串的组合和变异，对计算机中的程序进行类似的操作，并让它适应某种特定的目标，从而得到高效的寻优和问题求解。

　　在 Biomorph 程序中，每个生物体会有一串基因编码，例如 12034…，把这套编码输入给一个画图器（一个特定的计算机程序），就能在屏幕上绘制出对称的复杂生物体。不同的编码对应着不同的个体。

　　当某个生命体被选中后，它的遗传编码就会被复制多个，并且在复制的过程中，代码会以一定的概率发生变异。例如，母代的编码为 12034，那么子代的编码有可能是 22034，或者 12334，这样就有可能创造出与母代相似但却略有不同的生命形态出来。多次反复地迭代下去，玩家就可以通过点击鼠标而充当上帝角色，迫使生命形态逐渐演化。图 1-8 展示了初始时刻在屏幕上展示给用户的多个生物形态，图 1-9 展示了一个被玩家选择出来的生物形态进化轨迹。

　　在该程序中，玩家扮演了上帝的角色，它会对随机生成的数字生物形态进行选择。于是，在玩家一系列的鼠标点选操作下，数字生物形态开始不断地改进自身，从而越来越符合玩家的"审美"标准。在这个例子中，玩家的点选就是注意力的体现，构成了一种"能量"的冲刷，而生命的演化则是由遗传算法的变异操作完成的。于是，生物形态可以被看作是玩家注意力"冲刷"与机器算法共同创造出来的。

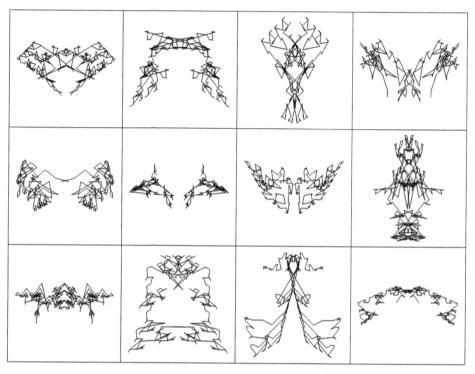

图 1-8　初始时刻，屏幕上的数字生物形态

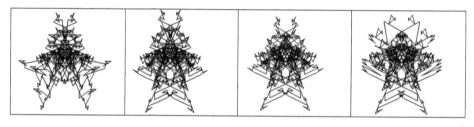

图 1-9　一次点选的轨迹

● 1.2.2　玩即生产

现实世界中的能量可以通过发动机引擎源源不断地输送出来。那么，如果说注意力可以被看作一种能量，那么什么又是那种源源不断地提取能量并输出的动力装置呢？那就是游戏。通过游戏，人们会心甘情愿地将自己的注意力奉献给机器世界。

事实上，"玩"是一种持续不断地消耗注意力的过程，它不仅仅是我们通常理解的消费，而是一种实实在在的生产。爱德华·卡斯特罗诺瓦（Edward Castronova）的研究很好地揭示了这一点。

卡斯特罗诺瓦的经历

早在 2001 年的时候，卡斯特罗诺瓦还是一名名不见经传的大学讲师。由于事业上的挫折，他开始用网络游戏打发无聊的时间。很快，他便沉浸在了一款当时在美国非常流行的网络游戏《无尽的任务》（Ever Quest，EQ）中不能自拔。然而，受过严格的经济学科班训练的他很快跳出了无意义的打怪升级的循环，开始用一种独到的经济学家的眼光来审视这个被称为 EQ 的虚拟世界。不久之后，他把自己的这些研究总结成一篇文章"有关虚拟世界的市场和社会的第一手账目材料"并挂到了网上 [20]。很快，他的文章广受好评，读者群中甚至包含一些诺贝尔经济学奖得主。于是，卡斯特罗诺瓦也因此声名大噪，身价倍增。目前他已经被公认为虚拟世界中经济研究的第一人。

在《无尽的任务》游戏世界中，玩家之间可以相互交易、买卖装备，甚至可以倒卖账号。更有意思的是，有些人还将自己的装备或账号拿到电子商务网站 eBay（相当于中国的淘宝）上去拍卖，并兑换到了可观的美元收益。卡斯特罗诺瓦很快就敏锐地发现，这实际上就是出口贸易！而且，当一个玩家在虚拟世界中等级越高，他的账号就能卖出更高的价钱。这也就意味着，玩家在虚拟世界中的玩实际上是一种实实在在的生产——他们在创造价值，这是实实在在的美元！

接下来，卡斯特罗诺瓦开始发挥他经济学家的特长，展开了如下的计算（见图 1-10）：首先，他发现每当虚拟角色升级一次就可以在 eBay 上多卖出 13 美元；其次，他估算出玩家让自己的角色升一级大概需要 51.4 小时，那么平均每个小时每个玩家就能创造 $13/51.4 \approx 0.25$ 美元的价值；进一步，平均每天 EQ 游戏中都有 60 381 个玩家在线，那么，整个游戏在一年内创造出的价值，也就是 GDP 年均值是 $60\ 381 \times 24 \times 365 \times 0.25 \approx$ 1 亿 3 千万（美元）。这个数值在当时所有国家 GDP 排名中是第 77 位，已经超过了当年的印度，出口总额排名第 14 位。这是让人意想不到的数字。

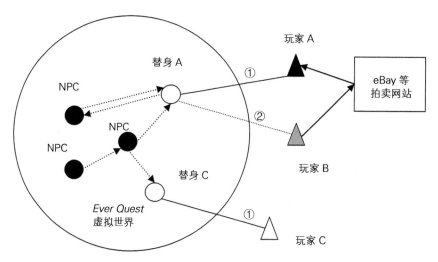

图 1-10 《无尽的任务》游戏中的经济关系示意图 [1]

卡斯特罗诺瓦研究的一个核心假设就是：玩即生产。因为玩消耗了注意力，而注意力相对于 EQ 世界来说就是一种资源。没有人玩的网络游戏必然会死掉。所以，玩家看似消费一样的娱乐行为实际上构成了一种生产，而这种生产的价值恰恰可以体现在 eBay 虚拟角色的拍卖价格上面。

• 1.2.3　注意力的世界

本书透过注意力这副眼镜，可以审视各类互联网、游戏以及人工智能现象。随着信息越来越丰富，注意力——解读信息的计算能力——就会变得越来越重要。于是，粉丝与人气成为了互联网产品存活的基础。人们甚至宁愿让渡一定的经济利益，通过免费的模式获取大量的注意力资源。他们的信条是注意力会换取更多的财富。

信息与注意力构成了相反的流动，我付出了注意力给你，你传递信息给我。当信息过剩的时候，注意力就会成为主导，于是注意力流动将会更加显著，这就会导致很多事物发生翻转。粉丝把握了舞台的主导，学生们把握了课程的主导，就是因为他们拥有大量的注意力。与其让资本和权威的力量主导娱乐节目或者课程的发展，

---

[1]　其中 NPC 为 Non-Player Character 的缩写，表示人工智能角色。实线和虚线分别表示真实世界的交易和虚拟世界的交易，实箭头和虚箭头分别表示真实货币流动和虚拟货币流动。①表示替身与玩家的隶属关系，②表示交易后的隶属关系。

不如直接让注意力的力量来形成控制和疏导。所以，参与感（人乐意自发地付出注意力）成为了一种重要的因素。

如果说注意力是"能量"，游戏是"动力发动机"，那么开源、众包与人类参与的复杂计算就成为了注意力"做功"的途径。只不过注意力的"功"输出是一种信息或者软件，甚至一个产品。就像水流冲刷河道而形成大尺度的河流盆地结构一样，大量的注意力流会冲刷网站、软件、App 等产品并不断地改造它们。甚至互联网精益创业的方法论也可以通过注意力流"做功"的方式来理解。

注意力流像能量流一样，非常容易耗散掉，那么我们如何将其保留住呢？社群恰恰是一种"存储"注意力流的有效方式。人更喜欢跟有生命的人打交道，而不是冷冰冰的机器。人与人之间的注意力交换可以产生远大于软件或游戏的吸引力和黏性。因此，若要留住用户，不能仅仅依靠机器的"虚假"注意力，还应该通过社群的方式，让用户之间的注意力交换起来，让他们自发产生交互黏性，从而储备大量的注意力资源。可以说，社群就是"注意力电池"。

广义的注意力不仅包含对外在事物的视觉注意，也包括对内在意向、愿望的注意。我们提出了"占意"的概念概括狭义的注意和意愿，并将体验解释为占意之流。同时，占意作为动词则具有占领意识空间的意思。也就是说，随着互联网的发展，人们相互争夺的不仅仅包括真实的物理空间和商业利益，还包括人类的意识空间。由于人类注意力具有天然的独占属性，因此，对意识空间的争夺而引发的竞争将会更加激烈。

1.3　走向未来

让我们假想未来已经来到，我们将会看到一个怎样的世界呢？很多科幻片和未来学家都在勾勒这样的场景：未来人工智能将会超过人类，机器开始主导天下。当然还有一派的观点是，人类将会始终保持统治地位，机器永远是人类的奴仆。

无论是哪一种设想，都暗含了一个重要的前提：机器或人必然是一种二选一的替代关系。但这个前提为什么能够成立呢？其实，这是一种工业化思维的产物，我们习惯性地认为事物之间的关系是相互竞争的。但按照后工业化的思维方式，事物之间更倾向于相互合作和融合而非竞争。所以，人机关系应是相互融合而非竞争替代的。我们的基本观点就是人为机器提供注意力"能量"，机器为人提供娱乐和服务。

在这样的背景下，人工智能的发展将会优先围绕着人的注意力展开，而不是发展出完全独立于人的机器世界。于是，人类的注意力将会以更有效的方式被利用起来。人类拥有更多的时间实现大规模的沉浸。与此同时，机器利用人类注意力的方式和渠道也会更加优化。机器会绞尽"脑"汁、费尽"心"思高效地疏导注意力，以让它发挥最大的作用。

于是，先进的人工智能机器将有可能设计发明出最棒的游戏，以高效地获取注意力。随着纳米技术、增强现实技术的快速发展，机器将会以一种前所未有的方式将真实世界改造成一款或多款大型的游戏。那时，娱乐将无所不在，人类将更加心甘情愿地为机器付出自己的注意力。高效的机器会将人类的愿望转化成现实的速度大幅度提升，"心想事成"将不仅仅是一句口号。

人工智能的高速发展可能会替代掉更多的人类脑力活动，甚至代替人类来进行科学研究和创造性思考。但是人工智能却很难替代人类的注意力。未来，人的任何一种起心动念都会被机器察觉到，并被快速地实现成真，人类只需要付出注意力就可以了。

如果我们硬要将睡眠以外的时间分为工作时间和娱乐时间的话，那么我们的工作时间将会越来越少，娱乐时间将会越来越多。未来，人类将不需要工作，只需要娱乐以付出注意力就足够了。于是，必然存在着一个关键转变点：平均来看，人类在除去吃饭、睡觉之后的娱乐时间刚好大于工作时间会发生在哪一年？这一转变点很有可能将于 10 年内到来。

以雷·库兹韦尔（Ray Kuzwell）为代表的一批未来学家认为，2045 年左右技术奇点将会来临，人工智能将超越人类智能 [21]。我们的观点是，也许这一点的确存在，因为奇点的得出是根据技术发展的内在规律导出的，但是这并不意味着机器将会超越人类，而是人机的高度融合。或者说，到那一点，人机的界限可能已然模糊不清，人已经非人，机器也已经非机器了。也许这才是一种更有可能的未来。

1.4 小结

本章作为开篇，鸟瞰了互联网近 50 年的发展历程，回顾了从长尾、众包到社群、共享等经典概念和理论，并指出这些理论缺少一个统领全局的视角，而这一遗失的视角恰恰就是我们的注意力，注意力是机器世界演化的动力，也是人类独一无二的宝贵资源。于是，未来的场景在我们的眼前展开：人工智能将逐渐替代人类的工作，人类将醉生梦死于虚拟世界中，并甘愿将我们的注意力付出，为机器世界提供演化的动力。因此，未来并不是简单的机器战胜人类或者人类继续统领机器，而是人与机器的融合共生、协同演化。

参考文献

[1] http://blogs.cisco.com/news/cisco-connections-counter
[2] https://en.wikipedia.org/wiki/Internet
[3] http://mt.sohu.com/20151112/n426124895.shtml
[4] http://finance.sina.com.cn/money/fund/20130709/132316063165.shtml
[5] http://news.163.com/12/0907/17/8AQMV30N00014JB5_all.html
[6] 微信：http://baike.baidu.com/subview/5117297/15145056.htm
[7] http://36kr.com/p/209605.html
[8] 潘昕 . 解读淘宝抓牢长尾赢取商机 . 铁路采购与物流，2007，09：41.
[9] http://fj.qq.com/a/20140211/013279.htm
[10] 陈肖庚，王顶明 . MOOC 的发展历程与主要特征分析 . 现代教育技术，2013，11：9.
[11] 康叶钦 . 在线教育的 "后 MOOC 时代"-SPOC 解析 . 清华大学教育研究，2014，01：85.
[12] 杰夫·豪 . 众包 . 牛文静 译 . 北京：中信出版社，2009.
[13] Wikipedia：https://en.wikipedia.org/wiki/Wikipedia
[14] http://www.huxiu.com/article/115907/1.html
[15] http://mt.sohu.com/20150903/n420416232.shtml
[16] http://tech.qq.com/a/20150117/019764.htm
[17] http://www.woshipm.com/it/222516.html
[18] 李善友 . 产品型社群 . 北京：机械工业出版社，2014.
[19] 理查德·道金斯 . 盲眼钟表匠 . 王德伦 译 . 重庆：重庆出版社，2005.
[20] Castronova E. Virtual Worlds: A First-Hand Account of Market and Society on the Cyberian Frontier, CESifo Working Paper Series No. 618, 2001.
[21] 雷·库兹韦尔 . 奇点临近 . 董振华，李庆诚 译 . 北京：机械工业出版社，2011.

第 2 章

第一推动

所谓的注意，就是指一种选择性的心理过程。当生物体面对复杂的外界环境的时候，这种机制可以将更优质的信息处理资源分配到更重要、更相关的信息上去，从而使人或者动物具有更高的适应性优势。在互联网世界中，注意力构成了第一动力：因为人类的一切起心动念都是从注意开始的，然后才是各种参与和互动，所以互联网离不开人类的注意力。每个人都可以付出注意力，也需要他人的注意力以处理自己的信息——这是因为注意可以被理解为一种信息处理资源。注意力经济恰恰就是要将注意力这种稀缺资源引入到更大的经济学背景中。在这种视角下，计算广告学实践了如何让货币流和注意力流能够自发地相向流动。人类除了关注外在的信息外，也同样会关注自身内部的需求，这就是意愿经济的起点。道克·西尔斯（Doc Searls）将带领我们进入意愿的世界，在这里消费者成为了主角，商业、服务、广告中的生产与消费的地位和作用将会发生翻转。最后，注意力在时间中的流动构成了每个人独一无二的体验。未来的互联网将会越来越多地为用户提供各式体验服务，也许这些体验才是更加真实的存在。

在清醒状态下，我们的心智总是会关注某个特定的思维对象。严格地说，注意力是一种选择性的心理过程，也是起心动念的开始，因此，它构成了互联网进化的动力。从这一章开始，我们将引领读者进入注意力的世界，回顾有关注意力科学的经典。我们将会解读什么是注意力以及为什么要有注意力；介绍注意力经济、意愿经济、体验经济等注意力经济社会属性的延伸；另外，还将介绍与注意力密切相关的计算广告学、推荐算法等工程应用。

2.1　注意力

注意是什么？注意力又是什么？当你读到这个问题的时候，你的注意力已然被这个问题所吸引。

按照百度百科的定义，"注意是一个心理学概念，属于认知过程的一部分，是一种导致局部刺激的意识水平提高的知觉的选择性的集中"[1]。按照维基百科的定义，"注意就是一种认知过程：它能有选择性地集中在信息的一部分上面，而忽略掉其他的信息"[2]。

根据以上定义，我们不难得出几个重要的关键词：认知过程、选择性的集中。因此，注意就是一种聚焦的过程。事实上，我们人类感官每时每刻都要接受大量的信息，注意机制则会把它们的绝大多数过滤掉，从而选出有用的信息。所以，注意的一个重要作用就是选择。它是一个在分散的信息中进行集中的过程。

当然，注意力就是指完成注意这种聚焦、选择过程的能力。在通常情况下，本书中提到的注意力也指注意过程。

● 2.1.1　外在与内在注意

注意的对象可以分为外在对象和内在对象两种，因此根据关注的对象，可以将注意分为外在注意（exogenous orienting）和内在注意（endogenous orienting）[2][3]。外在注意包括视觉注意和听觉注意，主要指对外在发生的事物的感受。而内在注意则是指针对内在心理过程，包括意愿、情感等的聚焦过程。由于现在的科学技术尚无法读出人的意识状态，所以，人们对外在注意机制的研究比较多。

视觉注意是人们研究最多的。人们发现，视觉注意就仿佛是一个聚光灯，中间会形成注意的焦点，而两侧则是模糊的边缘[2]，如图 2-1 所示。当人们盯着一个新的场景看的时候，先是把注意焦点放在整个图像上，然后才会集中焦点于某一处。另外一种理论认为，视觉注意更像是变焦的摄像机镜头，它不仅仅有一个注视的焦点，而且还可以动态地调节注意的尺度，就仿佛是摄像机上某个放大、缩小的旋钮可以对准一个焦点不断缩放 [2]。

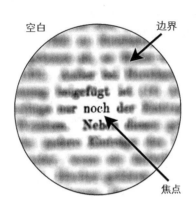

图 2-1　视觉的聚光灯模型 [2]

听觉也有注意机制。鸡尾酒会现象是一种最明显的听觉注意效应 [4]。想象我们在一个声音嘈杂的鸡尾酒会上，有音乐声、谈话声等各种声音。这个时候，如果有一个人站在你面前和你交谈，你就会侧耳倾听他说的是什么，并且能够将这个人的声音从嘈杂的背景中区分出来。这就是听觉的注意机制在起作用。也就是说，我们的听觉器官会在注意机制的调节下选择性地接收信息。

通常，有两种原因决定了我们会注意到什么。一种来源于自下而上的外界刺激，例如外在的颜色、方向的变换，等等；而另一种则来源于自上而下的内在需求，例如既定的目标和任务等 [2]。

另外，注意还非常容易与感知和意识相混淆。感知是指通过人的感觉器官接收来自外界信息的过程。但是这些信息并不一定会被注意所选择。例如，我们用眼睛环顾一遍四周后，能让我们注意到的物体可能没几个。当我们把注意力投射到具体的某一事物上时，大脑会对该事物进一步"加工"，从而产生了深层次的意识。注意通常是一种心理活动，而意识主要是一种心理内容或体验。从感知到注意再到意识，逐步递进，没有注意到并不代表没有感知到，没有意识到也并不代表没有注意到。

• 2.1.2 为什么会有注意力

尽管截至目前，人们对于注意力产生的生理或神经科学机制尚不清晰，但是普遍认为注意力是在漫长的生物进化历史长河中沉淀下来的有效的保护机制。

由于生命所面临环境的复杂程度通常会大于生命本身的复杂程度，所以即使生命的大脑足够发达，也不可能应对更加复杂的外界环境。因此，当外界环境发生剧烈变化的时候，生命就必须学会调节自己有限的认知资源，而聚焦在对自身的生存发展最关键的一些重要因素上面，这就是注意选择的机制。

假如有两种生命体，它们的脑容量是一样的，但是一种存在着注意的机制，另一种则不存在。那么，存在注意机制的生物体就有可能在更短的时间内跟踪环境信息的变动情况，并做出快速的调整。而没有注意力机制的生物体对于外在环境信息的接收是完全平均的，所以就不会过滤掉大量无用的干扰信息。特别是在危机情况发生的时候，这类生物体就不会做出应对危机的快速调整。因此，从进化的历史来看，具备注意机制的生命体会更有可能存活下来。

已有的心理学实验已经证明了注意机制能够帮助我们快速地做出反应。例如迈克尔·波斯纳（Michael I. Posner）的心理实验 [5]。

波斯纳的心理实验——注意与快速反应

如图 2-2 所示，该实验要求被试盯住屏幕中的加号观看。然后，屏幕上会给出箭头提示，指出在屏幕的哪一个方向可能会出现指定的字符"a"。当"a"真的出现的时候，被试就会按下按钮，实验员会把出现"a"到按下按钮的时间记录下来。当然，这种指示信息有可能是正确的，也有可能是错误的。观察人员主要测量被试按键的速度。通常，只要箭头指示正确，被试就能将更多的注意力分配到相应的位置上，从而快速做出反应。相反，当箭头指示无效或者中性时，被试就不能快速反应。从这个实验我们可以看出，注意力的确可以帮助人类在较短的时间内做出快速的反应。

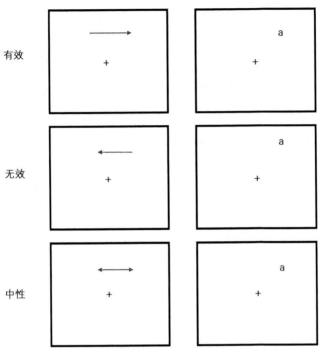

图 2-2　波斯纳的心理实验

总之，有了注意力，人们才能集中精力去感知事物，深入思考问题；没有注意力，人们的各种智力因素，观察、记忆、想象和思维等功能将得不到必要的支持。对于一个正常的有独立行为能力的人来说，他的自由意识决定了他的所有行动。由于注意是意识的先导，若要意识某种事物必须先去注意它，所以，注意是一切行动的起因。注意是其他更复杂认知功能，包括计算、思考、感知乃至各种行动的先决条件。我们要认真思考或者研究，乃至对某一个事物采取一系列的行动之前都需要将我们的注意力集中在这个事物上面。

人们对某事物的注意可以持续一定的时间，这称为**注意力的可持续性**。然而，很多实验表明，人类注意力的维持时间并不是很长，通常会在 30 分钟以内 [5]。在长期关注同一个事物的过程中，人们会很容易走神。

• 2.1.3　集体注意力与互联网

互联网是一个公共空间，因此，它承载的是集体的注意力。虽然每个人在每一个时刻都只能关注一个事物，但是大量的网民在互联网上就会形成大规模注意力的交汇。这会出现两种情况，一种情况是集体注意力会很发散，不同的人关注不同的事物，大家没有公共的关注焦点。另外一种情况则是大家会共同关注一个东西，形成了集体注意力的聚焦。如果我们将访问某个网站或公共空间的网民群体看作一个整体，那么，当网民的注意力发生集中的时候，这个整体就仿佛是一个超级智慧体，它也有了自己的注意力。我们知道，注意力其实就是一种从多个备选方案中选择其一的过程。当大众群体产生了集体注意力的聚焦，这种选择过程自然也会出现——相当于大众从若干备选方案中选择了聚焦的那个方案，所以这时网民的群体可以被视作一个统一的个体，从而具备了注意力。这就是集体注意力 [6]。

2.1.4　注意与参与

我们通常会将人的"知"和"行"这两种不同的动作分开，"知"是对外界进行被动的感知，而"行"则是对外界采取主动的行动。于是，注意更偏向于是一种"知"的行为，它是观察的起源。然而，实际上这种二分法并不是那么清楚。由于行动的起源在于采取选择。例如，对于一只小虫子来说，它究竟是往左走还是往右走，这是一个选择问题。而另一方面，注意的本质恰恰就是选择，所以从这个意义上说，"知"也就是"行"。在观察的过程中，我们注意到了某种事物，也就相当于采取了选择和行动（至少我们眼珠的移动就是一种行动）。

因此，注意相当于一切行动的开端，包括采取行动、调动智力进行深入的思考，也包括参与互联网上的各种互动。

从互联网的角度来说，注意力意味着参与的开始。而参与恰恰就是 Web 2.0 之后的互联网本质。恰恰是人们的参与，才导致互联网上出现如此之多的信息资源。通常情况下，注意是人主观行为的起因，而参与则是最后的一步。

根据参与的深入程度的不同，我们可以将用户的不同动作分出不同的级别，如图 2-3 所示。

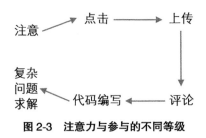

图 2-3　注意力与参与的不同等级

　　无论是哪一种参与，首先都需要用户付出他们的注意力。那么，沿着箭头滑动，用户参与的难度和深度都会不断地加强，因而用户付出的注意力持续程度也会不断地加强。从这个角度来说，一切的参与都需要消耗注意力，而注意恰恰又是一切参与的开始，所以，我们说注意力是互联网的**第一推动力**。

• 2.1.5　注意力、时间与计算

　　我们的注意力在每一个时间只能关注一个事物，因此，注意力的流动本身就自然而然地伴随着时间的流逝，注意力和时间就会自然而然地建立起联系。因此，衡量注意力的一种最粗糙的方法就是看时间的流逝。

　　如果我们将人比喻为计算机，那么注意力就相当于这台计算机的 CPU 计算。注意力越集中，CPU 计算得越快；注意力持续时间越长，CPU 运行的时间也就越长。很显然，这种 CPU 的算力是一种宝贵的资源。我们往一个事物上投放的注意力越多，这个事物就会获得越多的计算。之所以我们每个人都需要别人的关注，是因为我们希望越来越多的大脑能够处理我们自己的信息。从这个角度来讲，注意力的确是一种重要的资源。

2.2　注意力经济

　　从经济学意义上来说，注意是我们每个人与生俱来的一种能力，这是一笔财富。同时，每个人又都需要被关注，这是一种需求。刚出生的婴儿就会放声大哭，这其实就是婴儿正在寻求爸爸妈妈的注意。所以，从经济学的角度来说，每个人都是注意力的生产者，也是注意力的消费者。

既然注意力可以被看作一种资源，那么，研究如何更加合理地管理和利用这种稀缺资源也就成为了一种学问，这就是**注意力经济**理论。

• 2.2.1 信息过载与注意力

第一个意识到注意力的重要性并奠定注意力经济思想基础的人是赫伯特·西蒙（Herbert Simon，见图 2-4），他是诺贝尔经济学奖和图灵奖的双料得主，还是人工智能之父之一。1971 年，西蒙在研究信息系统的设计与构建问题时发现，很多人在进行设计的时候，总是按照信息稀缺这个假设来进行——这就导致信息系统功能过于庞杂而混乱不堪。西蒙看出了这种方法的弊端，于是提出："在一个信息丰富的世界中，拥有信息就意味着另一种稀缺，即信息所消耗的其他东西。而信息所需要消耗的恰恰就是信息接收者的注意力。因此，信息的富足就会导致注意力的贫瘠，我们需要将注意力有效地分配在那些消耗注意力的信息资源上。"[7] 从而第一次明确了注意力的重要地位。任何新的技术都不能增加人的时间量和人类吸收信息的能力。西蒙认为，真正的问题不是提供更多的信息，而是如何分配接收信息的时间。而这恰恰与注意力相关。

赫伯特·西蒙

赫伯特·西蒙是美国著名的学者，在经济学、计算机科学、管理学、社会科学等众多领域都有建树。1978 年，他凭借"经济组织内的决策过程进行的开创性的研究"获得了诺贝尔经济学奖。1956 年的夏天，包括西蒙在内的数十名来自数学、心理学、神经学、计算机科学与电气工程等领域的学者聚集在美国新罕布什尔州汉诺威市的达特茅斯学院，召开了一次具有历史意义的人工智能会议，该会议的

图 2-4 赫伯特·西蒙

召开标志着人工智能的诞生。西蒙也很早就提出了注意力经济的思想，认为丰富的信息会导致注意力的短缺。现在，这一概念也越来越多地受到了人们的关注。

　　然而，令人遗憾的是，西蒙并没有提出"注意力经济"的概念，他对注意力的思考仅仅限定在决策研究之上，这也影响了他对注意力经济的进一步研究。不过西蒙的名声在一定程度上给他带来了很多人的关注，也使得他的思想得以广泛传播。新的短缺产生新的经济，西蒙的预言昭示着一个新时代的来临。

• 2.2.2　注意力经济

　　第一个提出"注意力经济"（attention economy）这个词并将这种研究进一步向前推进的人物是迈克尔·高德哈伯（Michael H. Goldharbor，见图 2-5），他被称为注意力经济领域的爱因斯坦。

迈克尔·高德哈伯

　　迈克尔·高德哈伯被公认为注意力经济之父，是最早研究注意力经济的学者之一，其研究视角与众不同，有很多独特之处。他最重要的一篇文章"Attention Economy And the Net"不是发表在学术期刊上，而是挂在了自己的网站上[8]。然而，现在这篇 1997 年的文章已经被奉为注意力经济学派中的经典，并给出了许多超越时代的预言。他极大地扩展了注意力经济的视野，认为注意力经济的思想可以运用到人类社会中的任何事物之上。

图 2-5　迈克尔·高德哈伯

　　高德哈伯认为，别人的关注是一种必需品，而且越多越好。这是因为，获得一个人的注意力，就意味着你的影响力要超过他对你的影响力，如果你能得到一个人全部的注意力，你就可以引导他的行为，让他做你希望他做的任何事情。所以，注意力意味着控制。

　　在一次演讲的过程中，高德哈伯曾做了一个有趣的实验，以说明拥有全部注意力是如何制造假象来影响别人的。当时，高德哈伯正在讲台上慷慨激昂地演讲，突然他说："熊猫!"，这个时候听众都很好奇，熊猫的形象立刻出现在每一位听众的脑海之中。于是，高德哈伯大声问道："有多少人头脑中出现了熊猫，请举手？"于是，听众们纷纷地举起了手。接着，高德哈伯诡异地一笑，说道："看，我已经在你们的头脑中创造了假象，并且影响了你们的行为，让你们抬起了手！"

高德哈伯认为，人们的谈话过程不仅仅是在交换信息，更是在交换注意力。我们在看待谈话和交流的时候应当忘掉内容，信息和知识本身不再重要。例如，两个中国人见面时会问："你吃了吗？"但这背后并不是真的想知道对方是否吃饭了，而是希望引起对方的注意，而对方回复"我吃了"，即是回敬了你的注意力。推而广之，可以发现所有的对话都是在交换注意力。

高德哈伯提出的另外一个重要的概念叫作"虚假注意力"（illusion attention），这也是现代社会中的一个常见现象。所谓虚假注意力，就是营造一种关注某人的假象。例如，电视节目中的主持人盯着镜头讲话就会给电视观众以被关注的幻觉，这种注意力就是虚假注意力。很多人工智能产品可以创造出非常个性化的体验，这也相当于一种虚假注意力。由于注意力的稀缺，随着科技的发展，人们会创造出越来越多、品质越来越高的虚假注意力。

最重要的一点是，高德哈伯指出，注意力可以传递。为了说明这一点，高德哈伯同样在演讲中做了一个实验。首先，他让所有的听众不要走神，都盯着他看；然后，高德哈伯突然指着其中的一名听众说："快看这个人……"于是，听众们的眼光齐刷刷地盯到了那个人的身上。这个实验说明，当一个人获得了听众全部的注意力的时候，这个人就可以把听众的注意力转移到别的人或者别的事物身上。很多商业品牌都请名人做广告，也是同样的道理。

注意力可以交换，可以转移，因此，我们便可以用注意力来交易。如果我拥有大量的注意力，我就可以把它让渡出来做广告，以换取其他的东西。高德哈伯进一步指出，"注意力交易"将有可能替代金融交易而成为经济系统的焦点。

基于这些重要的结论，高德哈伯还对未来的经济社会走向给出了很多超前的预言，包括组织边界的消失、货币作用的逐渐淡化，等等。我们会发现，这些预言已经或正在被现代社会的发展现实所验证。

• 2.2.3　注意力管理

在高德哈伯之后，注意力经济开始逐渐流行起来，管理学家托马斯·达文波特（Thomas Davenport，见图 2-6）在前人的基础上提出了注意力管理这一非常有实用价值的概念 [9][10]。既然注意力是一种稀缺的宝贵资源，那么我们就应该拥有管理好自己注意力的权利。任何打断注意力的做法事实上都是一种掠夺。

托马斯·达文波特 ···

托马斯·达文波特毕业于哈佛大学，曾在哈佛商学院、芝加哥大学等多所大学任教，目前是美国巴布森学院信息、技术与管理领域的著名教授，对知识管理有深入的研究。有着多年的管理实践经验，是全球最杰出的管理权威之一。他写的《注意力经济》是第一本详细地分析研究注意力在商业中的影响的著作，关注了注意力对公司管理的影响以及对公司战略的意义，指明了一个组织应该怎样应对注意力经济的方法。

图 2-6　托马斯·达文波特

在信息过剩的时代，人们越来越缺乏耐心和专注力，企业组织内部的注意力资源面临不足的局面。达文波特认为，长期的注意力不足会给企业带来灾难性的后果，因此需要注意力资源的管理，注意力资源成为最重要的生产力资源。注意力资源的配置不当会导致团队的注意力失衡，影响其工作成效。在现代化公司中，电话、电子邮件甚至微信、短消息等使人们的时间越来越碎片化，无法集中注意力。因此，从某种程度上说，所谓的"大组织病"就是一种集体注意力的涣散。在很多大组织上班的员工虽然每天领取着不菲的薪水，但是由于他们的注意力无法集中在某个具体的共同兴趣点上，于是，大部分高质量的注意力就这样耗散在了微信聊天、淘宝购物上了。据粗略估算，现代的都市白领大约会花费超过 50% 的上班时间在碎片化的信息干扰中。

达文波特指出，当许多个体组成一个团体的时候，就需要把他们的注意力凝聚起来，采用的途径就是设立组织的共同愿景，让每个人朝着这个愿景前进。然而，注意力对于人们的工作既有利也有弊，被误导的注意力往往比完全没有注意力更有害处。成功的领导者，不仅要在合适的时机获取恰当的注意力，还需要清楚如何规避不恰当的注意力。

于是，注意力管理者们提出了很多管理注意力的方法，例如，番茄工作法。这是一种简单有效的方法，它主张人们将自己的时间切分成 25 分钟的一个个区间。在一个 25 分钟的区间内，不允许任何外部打扰 [11]，从而把碎片化的任务集中在一起来完成。

另外，注意力管理似乎和时间管理有很多相似之处，毕竟人们往往是通过延长时间来赋予更多注意力到某事物身上的。但是，注意力与时间最主要的差别就在于，在同一段时间内，注意力是有品质高低之分的。因此，如何将不同质量的注意力予以分配比单纯地分配时间更有效。

2.3 计算广告学

正如高德哈伯所预言的，随着信息时代的深入发展，注意力将扮演越来越重要的角色。甚至在很多情况下，注意力的作用可以超越货币。但是，不可否认的是，货币毕竟还是商业时代最重要的东西，在人类全面进入注意力经济时代之前，注意力和货币将长期混合存在。于是，我们不得不思考这样一个问题：注意力同货币的关系是什么？二者是否可以交换？

其实，注意力与货币的交换早已经被一种古老的人类发明所解决了，这就是广告。人们很早就知道，生产出高品质的商品是远远不够的，你必须通过广告让别人知道你的商品。于是，商家愿意让渡出一定的经济利益来做广告，以便吸引大众的注意力。那么，广告就成为了一种利用货币换取注意力的载体。

然而，传统的广告存在着很多的弊端。由于广告形式死板单一，所以有大量的投放是被浪费掉的。随着互联网技术的发展，计算广告学应运而生。概括来讲，计算广告学就是根据广告所在的上下文环境和用户决定来投放的广告内容和形式。通过结合信息检索、数据挖掘、统计分析、机器学习等技术，计算广告学就是要自动地寻找出一种将广告、上下文环境和用户结合起来的最佳匹配模式[12]。

要知道，现在大部分互联网企业都在提供免费的服务，但是它们却并不差钱，甚至还盈利颇丰。那么，它们的钱是从哪里来的？实际上，这背后的逻辑就是运用注意力（也就是人们常说的流量）来换取货币，而支撑这种逻辑的核心技术就是计算广告学。从这一点上来说，计算广告学解决的问题就是通过让渡一部分用户注意力来换取经济利益。

下面我们就以赞助搜索和个性化推荐为例来简单介绍计算广告学的具体应用。

● 2.3.1　赞助搜索

在 2000 年左右的时候，搜索引擎是整个互联网上流量最大的一类网站。于是，在大规模流量的刺激下，互联网公司创新出了一种全新的广告盈利模式：赞助搜索（sponsored search），以实现盈利。

所谓赞助搜索，就是指搜索引擎公司通过拍卖某个搜索关键词给商家，使商家的链接能够在关键词的搜索结果中排名靠前，从而获得更高的点击。下面我们以 Google 的"自动印钞机"——AdWords 和 AdSense 系统为例来介绍。

互联网广告的运作原理就是将人类的注意力转化成实实在在的现金流。而 Google 的巧妙之处就在于，他们可以利用人工智能技术精准地引导这种注意力流动和相应方向的资金流。

首先，Google 公司意识到每天成千上万的网民给 Google 输入了大量的关键词以搜索网页，这实际上是一种商业机会。因为，如果将这些关键词作为广告去出售，就会是一大笔收入。于是，AdWords 系统就完成了这一任务，它将搜索关键词按照重要程度排序，以不同的价格出售给广告商。

其次，AdSense 负责将正确的广告投放到合适的网站上。它根据关键词，搜索到点击排名靠前的个人网站（博客），并从这些网站站长或博主那里购买广告位，然后将 AdWords 中的大量广告按照关键词打包投放到这些广告位上。由于采取了先进的人工智能技术，所有广告的投放都能达到精准的定位。这样，当你浏览有关"人工智能"的网站的时候，你将不会看到有关交友和成人用品的广告。

于是，Google 的 AdWords 和 AdSense 系统可以精准地引导大量的注意力流动和资金流动，与此同时，也赚取了可观的广告收益。事实上，虽然 Google 是靠搜索引擎起家，后来又做了各种各样的产品，但是它真正的盈利点（据说有 80% 的收入）恰恰就是这套赞助搜索系统。于是，人们形象地将 Google 的这套广告系统称为"Google 自动印钞机"！

• 2.3.2 个性化推荐

豆瓣是在 2005 年创办的一个小众网站，网友们可以在这里分享图书、电影以及音乐。由于它独特的品味，豆瓣曾一度成为文艺青年们的集散地。如果在豆瓣上搜索集智俱乐部的第一本著作《科学的极致：漫谈人工智能》，可以看到如图 2-7 所示的页面。

喜欢读"科学的极致：漫谈人工智能"的人也喜欢 ······

Introduction to Scientific Programm...　Advanced R　Practical Data Science with R　数字创世纪　科学新领域的探索

暗池　Applied Predictive Modeling　数据科学中的R语言　Theory of Self-Reproducing Autom...　隐秩序

图 2-7　搜索"科学的极致：漫谈人工智能"的返回结果

这都是一些与人工智能、复杂系统相关的高大上的学术图书，然而如果你真的热爱人工智能、复杂系统，你会发现它推荐的图书都很不错。那么，既然这些读物这么高冷，它们为什么会扎堆地出现在这个页面上呢？这其实就是背后的推荐系统运作的结果。我们注意到，在这两排书的上方有一个标题："喜欢读'科学的极致：

漫谈人工智能'的人也喜欢……"。事实上，推荐系统根据每个用户喜欢读什么样的书的数据，推荐出什么样的书会呈现在你面前。

我们可以用一个网络来建模用户与书的关系。例如，如果用户 A 喜欢图书 B，那么我们就在 A 和 B 之间连接一条连线。于是，大量的用户喜欢大量的图书就可以用一张网络来表示，如图 2-8 所示。

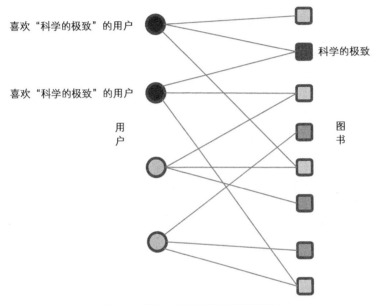

图 2-8　用户 – 产品网络（另见彩插）

在这张网络中，左边的圆圈表示用户，右边的方块表示图书，两者之间的连线表示该用户读了这本书。根据这张网络我们不难做简单的推荐。比如右侧的红色方块表示的就是《科学的极致》这本书，那么从这个节点出发沿着连线能够得到两个蓝色的圆圈节点，这些就是喜欢读《科学的极致》这本书的读者。然后，从这两个深蓝色圆圈出发的连线就能得到右侧浅蓝色的节点，那么这些节点就是喜欢读《科学的极致》这本书的人还喜欢读的书。

基于这样一种"用户 – 图书"二分网络的形式，我们就可以设计出各种各样的推荐算法。当然，在实际应用中，推荐算法需要考虑到很多问题，最后的算法也复杂多样。

目前，这样的推荐系统已经被广泛地应用到了电子商务领域，这就是每当你登录这些网站的时候，你都会觉得很亲切的原因，系统推荐的产品就仿佛是根据你的口味而量身定做的一样。

总之，推荐系统会通过一整套人工智能程序根据大量用户的数据计算出你的偏好，从而推荐出你可能喜欢的产品，以完成促销。当然，从表面上看这和广告没什么关系。但是，从本质上看，推荐出来的商品就是广告，只不过这种广告做的已经相当隐蔽，甚至让你爱上了这些推荐品。这就是计算广告学的精妙之处——它能够根据用户的特征而定制化地给你推荐广告，从而将大量网民的注意力精妙地兑换成它们的现金流。

2.4 定量化测量

无论是注意力经济还是计算广告学，它们度量集体注意力的方法都是依靠人类的行为数据。所有这些应用都是利用用户在网络上留下来的浏览轨迹。虽然这些数据还非常粗糙，但是它可以从一定程度上反映人类的关注点以及注意力的转移情况。由于人们观看的网页一般都是用户的兴趣聚焦点，因此，这种网页浏览行为可以被视为一种注意力的度量。

除了点击行为以外，用户的发帖行为、点赞行为、购买行为等动作也会被自动记录下来，它们都可以间接地反映用户注意力的转移情况。然而，这种度量无疑都是很粗糙的。事实上，科学家们正在积极地寻求各种更加精确地度量注意力的方式。其中，眼动仪和脑电测量装置是比较常用的两类。

• 2.4.1 眼动仪

眼睛是心灵的窗户。很多心理过程包括注意都可以反映在眼珠的运动上。眼珠的运动可以被外部仪器所记录和测量。这种测量眼睛运动的仪器称为眼动仪（eye movement equipment），如图 2-9、图 2-10 所示。

图 2-9　眼动仪 [14]

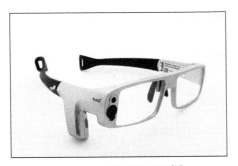

图 2-10　眼镜型眼动仪 [14]

以上这些都是眼动仪，通过对眼动轨迹的记录，我们可以从中提取诸如注视点、注视时间和次数、眼跳距离、瞳孔大小等数据，从而研究个体的内在认知过程。眼动仪目前已应用在视觉信息加工的心理学机制、阅读、广告学等广泛的应用领域。

人们直视的点通常就是注意的点，因此眼睛的运动就反映了人们注意力的转移。例如，网站设计师会根据眼动仪测量的用户数据来定位用户通常会关注页面上的哪一片区域。图 2-11 就是眼动仪记录的浏览网页数据，其中，红色区域为眼睛经常注视的页面区域，即热点区域。

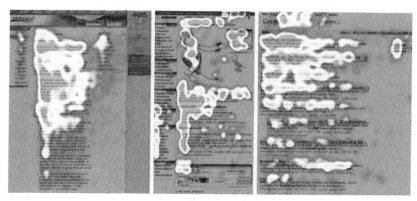

图 2-11　眼动仪记录的浏览网页数据 [15]（另见彩插）

通过眼动仪，我们不仅可以知道每个用户访问了什么页面，还可以知道他们究竟关注了页面上的哪些区域。这样我们就可以根据这些数据更好地设计产品，特别是网页的布局。

• 2.4.2　脑电测量装置

随着脑科学的发展，特别是脑电等测量设备的普及，人们可以通过技术手段读取脑电信号，从而测量出人们的注意力集中程度。脑电图（electroencephalogram，EEG）是脑神经细胞的电生理活动在大脑皮层的总体反映，包含了大量的生理信息。从脑电信号出发，运用一系列信息处理技术，我们就可以测量出注意力的集中程度。目前，人们已经可以通过脑电测量装置，让用户利用注意力来直接控制物体的运动。

图 2-12 是一款名为"MindFlex 意念球场"的玩具，由神念科技（Neurosky）和美国玩具巨头美泰（Mattel）公司联合出品 [16]。在这个游戏中，玩家只需要集中注意力就可以控制小球完成一定的运动。

原来，玩家脑袋上戴着的那个耳机是一种脑电采集装置。同时它还可以把控制信号通过无线电传导给玩具的控制台。当你集中注意力的时候，小球就会慢慢地升起；当注意力不集中的时候，它就会缓缓落下。它背后的原理就是脑电装置对注意力集中程度的测量。

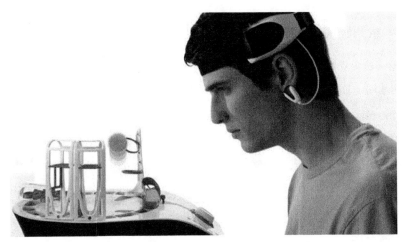

图 2-12　"MindFlex 意念球场" 玩具示意图[1]

2.5　意愿

注意力经济理论中的注意大多局限于对外在事物的关注，而人们对于内在需求和渴望的聚焦则体现为意愿。这是一个与对外的注意完全不同的概念，研究意愿对经济和社会系统的影响的理论被称为**意愿经济**。

虽然注意力经济发展如火如荼，但是由于这种注意是指对外的关注，因此大多数注意力经济的研究都沦落为了广告学的研究，注意力经济也沦落为了"眼球经济"的代名词。这些研究的逻辑很明显，既然注意力是一种资源，那么我们就应该尽可能地撷取它；而最直接的方法莫过于通过广告了。于是，注意力经济和让人深恶痛绝的广告深深地绑定在了一起。

广告界有一个著名的"漏斗模型"。有人说："广告的花费一半是浪费，但不知道是哪一半。"因此只能通过给 100% 的人推送广告以吸引眼球，来赚取 50% 对它感兴趣的人的注意力。然后，这剩下的 50% 看了广告的人，可能只有 25% 的人购买，这样一层一层过滤，才能得到商家想要的最终用户。由此可见，一味地做广告是一种笨拙的撷取注意力的方法。

---

[1]　图片来源：www.neurosky.com.cn。

• 2.5.1 意愿经济

就在注意力经济逐渐沦落为广告学的时候，在一次注意力经济的学术会议上，道克·西尔斯（Doc Searls，见图 2-13）提出了一套非常不一样的理论，称为"意愿经济"（Intention Economy）[9][17]。如果说传统的注意力经济关注的是厂商，也就是通过广告的方式让厂商获取更多的注意力，那么意愿经济则把关注焦点放在了消费者上面。消费者本身有很多意愿，意愿本身就会带来消费的可能，我们应该围绕消费者来发展。

道克·西尔斯

道克·西尔斯是 *Linux Journal* 杂志的高级编辑，美国多所大学的研究员。在注意力经济学派中，他与众不同地主张用意愿经济代替注意力经济。他认为，许多关于注意力经济的讨论都从供给的一方出发，而不是从有需求的一方出发，他认为这是一个方向性的错误。意愿经济不是围绕着卖家而是围绕着买家产生的，因为买家及其购买意愿是金钱的首要来源。意愿经济更多地着眼于市场而非营销，它是对交易信息的集中。在意愿市场中，不同于传统的交易关系的是买家寻找卖家，而不是卖家寻找买家。

图 2-13　道克·西尔斯

未来的意愿经济应该怎么运作？道克·西尔斯举了一个例子：假如一个人要买一辆 SUV，他就会在网上发表意愿，表达清楚自己想要的东西。那么，很多商家就会围拢过来进行竞标。反向从客户出发形成产业链，这样就构成了意愿经济。

在意愿经济王国中，我们将看到这样一些全新的概念。供应商（卖方）关系管理（Vendor Relationship Management，VRM）基本可以看作传统的消费者（买方）关系管理（Customer Relationship Management，CRM）的镜像。我们已经熟悉了商家给每个消费者发放打折卡，进行各种促销的活动。在这背后是商家的一整套客户关系管理系统在运作。然而这种 CRM 的做法并没有收到应有的效果——它并不能精准地把握每个消费者的意愿。在新的 VRM 系统中，消费者会根据自己的意愿出发，主动建立起与各种商家的联系，因此，这将会是一种个人定制化的、高效的服务。

在商家的视角下，根据消费者的在线行为留下的大数据痕迹，商家可以精准地猜出你的喜好，并做到精准投放广告。但是，在意愿经济看来，大数据也不过是一种杯水车薪的做法。如果我们从消费者的角度出发，让消费者自己管理所有的个人数据，并在适当的时刻有选择性地开放给商家，那么我们只需要小数据就完全可以了。所以，聪明的做法往往成本会很小。

"第四方"是西尔斯提出来的另一个有趣的概念，它是指专门服务于消费者的代理机构。在传统商业中，第一方和第二方是指商业合同的直接关系人，而第三方则是指帮助商家履行合同的厂家。例如在苹果手机中，App 商店中的应用都属于第三方。而西尔斯所说的第四方则是专门帮助消费者的服务机构，这非常类似于房地产代理人、律师、医生，等等。随着个性化时代的来临，这种第四方机构将会有更大的发展空间。

个人智能助理将会成为一种非常有发展前景的软件。在游戏中，我们每个玩家都会有一个替身（avatar），是这个替身代理我们真正的玩家完成在虚拟游戏世界中的所有活动。在我们每天面对的互联网世界中，类似这样的替身尚未出现。这是因为由于技术的限制，这种能够处理开放互联网环境的智能代理软件将会面对更加复杂的任务。但是，随着人工智能技术的突飞猛进，我们不妨可以设想，一些聪明的智能代理软件可以学习我们处理各类信息的方式。于是，经过一段时间的磨合后，一种可以帮助我们自动收发邮件、自动筛选我们感兴趣的信息，以及自动进行各类网络生活的程序将有可能出现。到那时，我们也许就真的可以对这些代理程序发出我们的愿望，它就会自动帮助我们实现了。

西尔斯指出，目前大型公司仍然占据着很大的市场份额，它们的主要目标还是想尽办法说服消费者购买其产品。因而实现意愿经济需要消费者自行组织起来，提供充分有效的信息，就会让交易方式发生转变，消费者选择的余地也会大大改善，甚至会主导市场。例如，网站 Crowdspirit 和国内的猪八戒网可以看作采用意愿经济运作的互联网产品的雏形。

猪八戒网

猪八戒网（www.zhubajie.com）创办于 2006 年，是全国领先的众包服务平台，服务交易品类涵盖平面设计、动画视频、网站建设、装修设计、文案策划、工业设计、工程设计、营销推广等为主的 400 余种现代服务领域，为企业、公共机构和个人提供定制化的解决方案，将创意、智慧、技能转化为商业价值和社会价值。对于买家来说，把需要解决的问题放在猪八戒网上，通过悬赏模式可以获得多种方案，可以选到百里挑一的作品；通过速配模式，可以寻找到能力精准匹配的服务商来提供服务。这就具有了意愿经济的雏形。

2.5.2 "意愿–显现"理论

更有意思的是，在意愿经济领域中，还有一个怪人叫史蒂夫·派里纳（Steve Pavlina，见图 2-14），他曾因一次入狱而顿悟了一套"意愿–显现"理论，该理论概括成一句话就是：只要足够坚持，每个人都能心想事成 [9]。

史蒂夫·派里纳

史蒂夫·派里纳的思想非常有个性，他有着非凡的经历和思想，曾经当过演说家、程序员、游戏设计师和企业家等。他曾因犯罪而入狱，服刑期间他对自我进行了深入的反思和剖析，后来逐步形成了一套独特的思想和理论：注意力不仅能在精神世界创造万物，也可以在物质世界创造万物。派里纳把这个理论叫作"意愿–显现"理论。

图 2-14　史蒂夫·派里纳

这种理论认为注意力能够催生万物，这不仅体现在精神世界上，还在很大程度体现在物质世界上。你所要做的就是把注意力放到你的意愿上面，而且要大声宣传，让所有人都知道它。同时，你还要持续地关注这个愿望，最后，你的愿望就可能会实现。派里纳用"吸引法则"（law of attraction）来概括这样一种自然力量：只要你充分地表达出你的愿望，这种力量就会把你想要的东西吸引到你的生活中。进一步，派里纳说，之所以很多人提出愿望之后没有实现，那是因为他自己没有坚持下去，自己没能坚信自己的愿望，或者是愿望兴趣转移到其他地方去了。

"意愿－显现"和"主观真实"是派里纳思想体系中最重要的两个概念。意愿具有极大的吸引力，只要心里想得到就能得到，意愿可以把人们想要的东西引入到自己的生活之中。派里纳认为，自己会进监狱完全是自己的意愿显现的结果。他在发表的每一篇文章后面都会加上一句话"如若您觉得此网站对您有帮助，请向史蒂夫·派里纳捐赠，以便你也能享受到精神激励"，通过此种方式，派里纳实现了盈利。

派里纳曾说："我也是你意识中的一种显现，扮演了你所期待的一种角色。如果你期待我是能起作用的导师，我就是导师。如果你认为我是一个深邃有思想的人，那我就是这样的人。如果你认为我在故弄玄虚，我就会看着像你想的那样。显然，'我'只是你心中创造出的众多形象之一，没有一个与你截然割裂的'我'，我只是你心中的'我'，但你可能没有能够清楚地意识到这一点。"[9]

表面上看，似乎派里纳的说法过于夸大其词，但是也并非完全没有道理。互联网的出现无疑为每一个微小的个体提供了舞台，使得他们可以充分地表达出他们的愿望。于是，"意愿－显现"过程会被互联网所加速和放大。最有趣的一个例子是有人用一根曲别针换取了一座豪宅。这是一位叫作凯尔·麦克唐纳（Kyle MacDonald）的普通加拿大年轻人所做出的壮举，他通过以物易物的社交网站 Craiglist，经过大约20 次的倒手之后，换得了一座豪宅。[18]

加拿大青年别针换豪宅

2005 年，麦克唐纳在 Craigslist 网站的"物物交换区"发布信息，希望用一枚红色别针换更大更好的东西，并宣布终极目标是一栋房子。麦克唐纳首先换到了一支鱼形笔，然后又用笔换来一个陶瓷门把手，接下来的交换品更是五花八门，包括一个野营用的炉子、一台发电机、一只装啤酒的桶、一个"百威"啤酒广告牌。此后，麦克唐纳的收获越来越大，先后是一辆雪地车、一趟加拿大落基山脉之旅、一辆老货车和一份唱片合约。后来，麦克唐纳几经易物换到了美国菲尼克斯城一套公寓的一年免费居住权。麦克唐纳用公寓的免费居住权换成了与摇滚歌星艾丽斯·库珀共度下午时光，并用这一下午时光换了一个以 KISS 乐队为模型的雪花水晶球。由于好莱坞知名导演科尔宾·伯恩森喜欢收集雪花水晶球，麦克唐纳因此换来了伯恩森新片中的一个角色。

麦克唐纳的传奇经历引起了加拿大萨斯喀彻温省吉普灵镇人的注意。该镇政府在梅恩街买下一栋面积为 99 平方米的新房，向麦克唐纳发出交换请求。对吉普灵小镇而言，这笔交易换来的不仅仅是一个电影角色。小镇政府还计划在高速公路服务站立一个巨型红色曲别针，并举行电影演员的海选活动，由胜出者出演伯恩森执导的新片。不过，条件是参赛选手必须向镇上的公共服务部门或慈善机构捐款。麦克唐纳同意了这笔交易。至此，他长达一年的换货经历终于划上了圆满的句号。

事实上，麦克唐纳的故事就是意愿经济的一种实现。他自己首先建立起了强烈的意愿——用曲别针最终换到一栋房子，并且明确地把自己强烈的愿望发布到网站上。从第一次交换成功之后，麦克唐纳就从没有停止实现自己梦想的步伐，继续坚持了下去，新的机会、信息和资源于是不断地涌现出来，并且这些机会常常是突然出现的，像是"天上掉下来的馅饼"。最终，他的意愿真的实现了。

从注意力的角度来说，"意愿 – 显现"理论的要点就在于你要将注意力集中于一点——你的愿望，并且要持续地保持下去。时间长了，奇迹就会发生。而之所以很多人的愿望没有实现，那是因为他不够坚持，不能将注意力全部放在这个愿望上面。因此，派里纳的深层含义是在说，注意力催生万物，注意力也可以将愿望变为现实。

2.6　体验与体验经济

注意力强调的是人类意识向外在事物的聚焦，意愿则表达了人的内在驱动，那么注意力在关注焦点上的转移过程实际上就构成了一种体验，即人类注意力在长时间内所经历的路径。不同的路径就会造就不同的体验。

伴随着互联网的快速发展，当人们所处的物质世界越来越富裕、信息越来越繁多的时候，人们将会越来越多地把自己的注意力放到精神世界上，于是体验就变得越来越重要了。

2.6.1 体验经济

体验经济是与注意力经济、意愿经济相平行的一套理论，它认为体验本身就是一种宝贵的资源，因而也可以被交换、买卖。体验经济被认为是继农业经济、工业经济、服务经济之后的第四种经济形态。

约瑟夫·派恩二世与体验经济

约瑟夫·派恩二世（B. Joseph Pine II，见图 2-15）毕业于麻省理工学院的斯隆管理学院，创办了战略地平线咨询公司。1999 年他出版的畅销书《体验经济》引起了极大的轰动。他认为体验是一种迄今为止尚未得到广泛认识的商业模式。《体验经济》的出版也宣告了体验经济学派的诞生，他们认为，在现今富裕的社会，经济活动都被戏剧化为消费者对生命意义的体验。[19]

派恩二世认为，如果通过设计和安排，人们能够在某种体验中忘记现实的环境而产生沉浸之感，那么这就是一种逃离现实的体验。逃离现实是比娱乐更为积极的

图 2-15　约瑟夫·派恩二世

体验参与，还能影响现实的行为。派恩二世认为在体验经济中，企业是体验的策划者，提供的除了商品和服务外，真正对顾客有价值的是体验。体验会给顾客带来特殊的感受，会在他们的意识中产生难忘的印记。

2.6.2 体验经济案例

一个经典的生日蛋糕的例子可以很好地揭示出体验经济与其他各种类型经济的

主要区别 [9]。

在农业社会，生产力还不发达，当人们想过生日的时候，就会利用自己生产出来的原材料，自己制作蛋糕。当进入工业社会之后，生产力得到了很大的发展，人们过生日想吃蛋糕可以不用自己亲手做了，在市场上就可以购买各式各样的美味蛋糕。而在今天这个服务经济时代，为了吃上生日蛋糕，我们会到蛋糕房买现成的蛋糕。到了体验经济时代，一些美食店会让顾客自己动手全程参与制作蛋糕的过程，并吃下自己做的蛋糕。这给用户带来的将不仅仅是物质上的蛋糕，而是一段典型的自食其力的体验。

最近几年，北京出现了很多私人画室，画室的主人并不以画画为生，而是靠给顾客提供绘画的体验来盈利。走进画室，你就可以在老师的简单指导下自己亲自动手绘制自己的油画（见图 2-16）。一个半天下来，你收获的不仅仅是一幅自己的油画作品，更是一段绘制油画的亲身体验。而从画室的角度，他们需要付出的无非就是一些颜料和简单的指导，他们几乎没有提供什么服务。这就是体验经济。

图 2-16　作者之一的油画作品

集智俱乐部平时举办的活动就是一些讲座分享，主讲人就某一个主题展开 2 个小时左右的演讲。除了每个人需要交 20 元的饮料费给场地方以外，所有的听众都不用花钱，主讲人也没有任何现金回报。事实上，在北京类似这样的讲座分享活动还有很多很多，例如"罗友霸王课""新知人文沙龙""纪录堂"，等等，基本上涵盖了你能想到的所有领域。那么，既然没有任何经济利益可言，大家为了什么而举办这些活动呢？实际上，从体验经济的角度看，这些分享和讲座就是一种体验的交换，主讲人通过 2 个小时的分享，获得了一个传授知识的体验，而听众则获得了聆听的体验。所以，这种活动有点类似于回归到了前货币时代，只不过大家交换的不再是物品，而是体验。

在英文中，体验和经验是同一个单词：experience。果壳网开发的"在行"App 就是一款让大家就经验完成交易的应用。进入"在行"App 之后，我们可以按照自己的需要寻找相应的"行家"，然后点击付费之后，就可以约见"行家"一个小时或者更长的时间。在这段时间里，"行家"会跟你分享他（她）在某一个行当里的经验。这是一种经验的交换。

体验也可以由机器创造出来，并提供给人。游戏恰恰就是这样一种提供体验的引擎。现实往往存在着各种各样的遗憾与不足，于是人们经常希望获得再来一次的机会，然而现实只有一个。一款名为《第二人生》(*Second Life*，见图 2-17 ）的全面模拟现实社会的网络游戏为我们提供了重来一次的机会。但是与普通的网游不同，这款游戏没有打怪升级，而仅仅是一个完全虚拟的世界。玩家可以在游戏中做各种现实生活中的事情，比如吃饭、跳舞、购物、卡拉 OK、开车、旅游，等等。通过各种各样的活动，全世界各地的玩家可以相互交流，游戏中的一切都是由里面的"居民"自己创造出来的。该游戏自 2003 年推出以来，玩家数量就急速增长。在《第二人生》里，居民们的消费和生产能力十分惊人。这款游戏提供的不仅仅是一种娱乐，而更像是一种生活。它给玩家带来了完全的人格化环境，居民可以生活在世界之中并且对其做出改变。在游戏里，人们可以生成各种各样的虚拟产品，享受各种各样的虚拟服务，也在很大程度上丰富了人们现实生活中的精神世界。

图 2-17 《第二人生》中的虚拟场景

• 2.6.3 用户行为分析

目前，对体验的强调不仅仅体现在体验经济和游戏之中，也同样体现在现实世界的互联网产品之中：一款产品的用户体验成为了非常重要的因素。于是，如何运营一款互联网产品，从而提升用户体验就成为了重要的环节。目前，互联网公司的普遍做法就是：利用用户的行为进行大数据分析。所以，从这个角度上来说，用户行为分析本质上是体验经济的一种表现。

我们可以把大量用户在一个产品（网站、App 或者游戏、软件）中穿梭游荡比喻为一大股水流在冲刷着河流盆地。这样的水如何流动显然受制于产品的内容与结构，同时也决定了用户的体验。用户行为分析就是希望通过这些水流路径寻找出改善产品内容、结构的方法，从而提升用户体验。

例如，留存分析就是一种常用而重要的分析用户行为的工具。形象地说，如果我们将一个用户比喻成一个水滴的话，留存分析就是要追踪每粒水滴在系统中的留存时间。有的用户喜欢这款产品，它的停留时间就长，有的用户不喜欢，它的停留时间就短。留存分析通过绘制留存率曲线而获得关于用户以及产品的信息。如果我们设定初始时刻的用户数为基准，然后考察这批用户中，有百分之多少的人停留了

1 天，百分之多少的人停留了 2 天，……，即留存率，那么我们将这些留存率绘制成一条曲线 [20]，就得到了留存曲线，如图 2-18 所示。

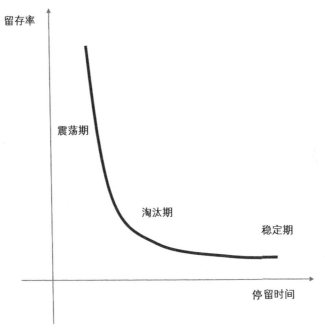

图 2-18　留存率曲线示意图

图中横坐标为用户的停留时间，纵坐标为留存率。这条曲线通常会拖上一条长长的尾巴。曲线一般分成了震荡期、淘汰期和稳定期三个阶段。在一开始，有大量的用户涌进系统，但是由于人类注意力的保持时间较短，于是开始有用户流失，所以该曲线随着时间的增长而快速下降，这一阶段被称为震荡期。接下来就是一个平滑的转变阶段，这被称为淘汰期。停留时间能够到达这里的用户就是软件产品的潜力用户。最后，曲线平稳了，剩下的用户都是一些铁杆粉丝，他们才是这款产品的核心用户。所以，通过追踪每一个曲线部分所对应的用户，我们就能获知哪些用户是我们的铁杆。除此之外，曲线的总体形状也能够反映产品的一些特征。例如，曲线的稳定期如果越高，说明这款产品越能够黏住用户，从而保持住足够多的铁杆支持者。

当然，除了留存分析以外，我们还可以获得更多的信息，包括用户从哪里来，什么时间来，他们习惯用什么设备访问，他们经常在哪里卡壳，等等。我们可以计算若干指标，例如活跃用户数、点击次数、转化率、黏性，等等。数据分析工程师甚至还可以根据这些用户数据给出用户画像，猜出你喜欢的东西。

2.7　小结

本章我们主要围绕注意力和注意力经济展开了详细的讨论。注意力就是一种选择的心理机制，这种机制具有自然选择意义下的优越性。当信息过剩的时候，注意力这种选择能力就会变得稀缺。于是，围绕着如何分配、交换注意力这种资源，产生了注意力经济学派。但是，由于传统的注意力经济将重点放到了商家那里，于是抓住用户的眼球就成为了唯一的关键。注意力经济似乎已然沦落成了眼球经济的代名词。在这样的背景下，意愿经济则独辟蹊径，力图倡导一种围绕着买家即用户而展开的商业模式。于是，一个与传统的商业世界几乎完全镜像的世界开始展开，其中，商家会通过招标的方式做反向广告，客户关系管理（CRM）将让位于供应商（VRM）管理，面向用户的第四方代理将会出现……最后，本章带领读者进入了体验的世界，在如今的互联网时代中，体验将会越来越成为一切事物的核心。于是，用户行为分析、游戏都成为了体验经济的一部分。

参考文献

[1]　注意：http://baike.baidu.com/view/970468.htm

[2]　Attention：https://en.wikipedia.org/wiki/Attention

[3]　M.I. Posner (ed.) Cognitive Neuroscience of Attention, The Guilford Press, 2012.

[4]　Cocktail party effect：https://en.wikipedia.org/wiki/Cocktail_party_effect

[5]　http://www.zhihu.com/question/33183603

[6]　Fang W, Bernardo A. Huberman, Novelty and collective attention, PNAS，2007，vol. 104，no. 45 17599-17601.

[7]　Simon H A. Designing Organizations for an Information-Rich World, in Martin Greenberger, Computers, Communication, and the Public Interest, Baltimore, MD: The Johns Hopkins Press, 1971.

[8]　Goldhaber M. Attention economy and the net, http://journals.uic.edu/ojs/index.php/fm/article/view/519/440, 1997.

[9]　张雷. 西方注意力经济学派研究. 北京：中国社会科学出版社，2009.

[10]　托马斯·达文波特，约翰·贝克. 注意力经济. 谢波峰等译. 北京：中信出版社，2004.

[11]　弗朗西斯科. 番茄工作法图解. 大胖 译. 北京：人民邮电出版社，2011.

[12]　刘鹏，王超. 计算广告. 北京：人民邮电出版社，2015.

[13]　百度推广：http://baike.baidu.com/view/129601.htm

[14]　眼动仪：http://baike.baidu.com/view/1953162.htm

[15]　眼动仪：http://www.baike.com/wiki/%E7%9C%BC%E5%8A%A8%E4%BB%AA

[16]　深念科技网站：http://www.neurosky.com.cn/portfolio/mindflex%E6%84%8F%E5%BF%B5%E7%90%83%E5%9C%BA%E7%8E%A9%E5%85%B7/

[17]　多克·希尔斯 . 意愿经济：大数据重构消费者主权 . 李小玉，高美 译 . 北京：电子工业出版社，2015.

[18]　http://www.cnhubei.com/200607/ca1111605.htm

[19]　派恩二世，吉尔摩 . 体验经济 . 夏业良等译 . 北京：机械工业出版社，2008.

[20]　于洋，余敏雄，吴娜等 . 游戏数据分析的艺术 . 北京：机械工业出版社，2015.

第 3 章

占意理论

我们每个人都仿佛是一扇门，门的一侧连接着外面的大千世界，另一侧则连接着我们深邃的内心。尽管科学对外在物质世界的了解已经深入到了原子、夸克的微观层面，但对内心世界的解读却刚刚开始。与此同时，由于科技的突飞猛进，意识对于外在物质世界的反作用会越来越大。这首先体现为想法变为现实的周期将会越来越短；其次，意识对物质世界的影响与掌控能力却变得越来越强。这就不得不让我们对自身的内在世界有更深刻的认识。

尽管科学家们对意识的认识还相当有限，互联网世界中的残酷竞争却已经将战场从真实世界转移到了意识王国。无论是眼球、粉丝还是社群经济，它们的策略无非是对意识空间的争夺。基于这种认识，我们提出了占意理论。所谓占意，就是指一种广义的注意，它体现为对外在事物的注意，以及对内在需求的意愿。而意识的流动则构成了我们的外在或内在的体验。占意具有层级性、相关性、连续性和创造性等特性，对它们的利用将有可能左右未来互联网的发展。

此外，我们还将讨论集体占意流。这是一种可以用用户行为数据进行近似度量和分析的流动。我们发现，由于意识的独占性，占意流会体现出守恒性和耗散性，因此，这与开放系统中的能量流具有非常类似的特征。于是，我们系统地比较了由相互捕食关系和食物链网构造而成的真实生态系统，以及由占意流构造成的互联网生态系统，发现它们既有相似之处又有不同。更有意思的是，如果我们将一个网络论坛看作一个生物体，把流入的用户看作它的新陈代谢，那么论坛也服从生物学的克雷伯定律。最后，我们将探讨占意流的**优化问题**，对这种网络结构的研究有可能帮助我们用定量化的方法提高软件系统的用户体验。

3.1 占意

占意（betention①）是我们提出的一个涵盖注意力、意愿和体验的新概念，它有名词和动词两种形态，也具有不同的解释。

• 3.1.1 什么是占意

人之所以为人，其本质就在于人类具有自我意识。尽管现代科学还没有通过科学实证的手段揭示出意识的本质以及作用机理，但这并不妨碍我们通过自省的方法探索意识的核心。

神经认知科学中的全局工作空间理论**将人的意识比喻成一个舞台**，而人的注意就好像是这个舞台上的聚光灯。人的所有**记忆、情感、思维片段**就仿佛是演员，聚光灯照到哪里，哪里的想法就会进入我们的意识视野 [1]。

这个舞台上的演员无外乎有两种，一种是来源于人类从各种感官得到的外在刺激，而另一种则来源于人的内在需求或记忆。不难发现，第 2 章提到的注意力经济中的注意通常是指聚光灯对外在事物的聚焦。而意愿经济中的意愿则是聚光灯对内在需求的聚焦。由此可见，无论是外在还是内在，无论是注意还是意愿，本质上都是一种广义的注意，即意识聚光灯对意识舞台上某种事物的聚焦。

因此，我们在此提出了**占意**的概念。所谓的占意就是指意识舞台被某物占据的状态。由于意识具有明显的独占性，所以，在某一个时间点，什么东西占据了意识就体现出了重要的作用。

当我们全神贯注地观看一部电影的时候，我们的意识被电影中的内容所占据，

---

① betention 取自"注意"（attention），be 表示成为、存在之意。

这就是对电影的注意；而当我们怀着强烈的愿望规划自己未来的婚礼的时候，我们的意识就被内心中强烈的憧憬和想象所占据，这就是意愿。

什么是体验呢？如果我们认为人的本质就是那个无时无刻不在的意识的话，那么我们的一段刻骨铭心的体验其实就是指意识在一系列事件中的流动。所以，占意之流就是体验。

比如，坐过山车的体验让我们深刻铭记，这是意识主体被一系列外在的感官刺激（视觉、触觉、失重感等）混合着内在感受（紧张、恐惧等）所占据而留下的轨迹。这个轨迹就是一条占意之流。

所以，**占意其实就是一种广义的注意，它是指意识聚光灯被外在或内在事物所占据的状态**。对外在事物的占意就是通常所说的狭义上的注意，而对内在需求的占意则是通常所说的意愿。进一步，体验则表现为主体的占意之流。

• 3.1.2　占据意识

占意除了被解读为一个名词，表达一种状态以外，还可以被解读为一个动词，即占据人的意识这个动作。由于意识可以指挥人的身体执行各种动作，所以意识是人的第一推动之力。随着科技的发展，人对于外在世界的影响和控制也会变得越来越大、越来越强。因此，意识对于世界的作用也必然会越来越强。

从某种意义上说，对于意识的占据构成了未来商业社会的主要竞争目标。我们已经看到，无论是粉丝经济还是社群经济，之所以人们宁愿放弃部分经济利益（免费），也要聚拢大量的用户，就是因为他们希望采用一切手段占领人类的意识世界。

除了前面讲的注意和意愿以外，能够占据我们意识的事物还有很多，如情感、信仰、回忆，等等。而这些事物可以被区分为不同的层次。

例如，来自外部的感官刺激就是一种低层次的占意。我们用美女、绚丽的画面、刺激的情节来做广告实际上就是希望通过强烈的视觉冲击来占据人们的意识舞台。社交体验是一种高层次的占意，它通过满足人类的社会尊重来占领人类意识。符合人类审美感受的设计则是一种更高层次的占意。它们通过提供人们对美感的享受和追求从而占据人类意识的高点。而宗教恐怕就是一种最高层次的占意，它通过建立足够高端的信仰，从而达到从更大的时间和空间尺度来占据人类的意识，甚至形成对人类意识的控制力。

因此，人们对意识空间的争夺也有高低上下之分。从占意的角度，我们不难理解互联网世界近年来交替演化的各种现象。早期的粉丝经济、注意力经济多是对人类感官层面的占意，这种占据总量很大，但黏性程度低、持续时间短。接下来，社交网络和社群经济则通过满足人类的社交需求，占据人类更加高端的意识状态。所以，社群虽然并不一定比粉丝经济、注意力经济更吸引眼球，但有更大的黏性和影响力。类似苹果、微信这样的产品更加注重情怀与审美的设计，其目的也是为了占据人类高层次的意识空间。这显然会创造出更大的社会影响力。

占意有高低层次的区分，高层次的占意往往意味着更大的能量，它们可以自动转化为低层次的占意。例如，如果一个人对苹果手机的热爱是如此之深，那么他（她）就可能自动帮助苹果来做广告宣传，自发推荐朋友购买苹果手机。

• 3.1.3 占意与计算

迄今为止，人类恐怕是地球上最聪明的物种了。人类大脑的一大优越之处就在于它可以在短时间内处理大量的复杂信息。所以，大脑可以比拟为一台超强的计算机，那么，占意就相当于这台计算机的 CPU，它会对各式各样的信息进行计算加工。所以，占意的流动也可以看作一个计算的过程。

这种计算可以非常复杂，包括求解困难的数学问题；也可以处理比较简单的事情，例如识别图片中的文字，区分出不同类别的图像，甚至可以简单到做出一个 A 或 B 的选择。从本质上讲，无论占意如何流动，因为它总是在处理信息，所以它总可以被看作一个计算的过程，而这恰恰是使得众包和人类计算成为可能的重要基础（详见第 5 章）。

3.2 占意的性质

虽然占意这个概念牵扯到人的意识，所以略显高深莫测，但是这并不妨碍我们来研究它的性质。事实已经证明，这些性质有可能帮我们更好地利用占意这一宝贵的资源，从而开发出更多的互联网应用。

• 3.2.1　相关性

意识的一个有趣现象是，当它扫描过不同事物的时候，我们的潜意识也会将相近或相关的概念自发联系起来。

例如，当我们爱上一个人之后，我们的意识就会被这个人所占据。与此同时，我们不仅仅关注了这个人，而且会关注与此人相关的事物，例如，这个人穿过的衣服、喜欢看的电影，喜欢听的音乐，等等。有一首歌唱得好："想念你的笑，想念你的外套，想念你白色袜子，和你身上的味道……"这就是所谓的爱屋及乌，也就是占意的相关性。

由于我们的感官所接收到的外界信息实际上是全方位、大容量的，但是我们的注意机制导致了我们的意识只能处理这股信息洪流中的一小部分。于是，在关注点之外，与被关注物相联系的信息也会对意识主体产生深远的影响。这样，外套、袜子、烟草的味道等也会在不经意间起到占领意识的作用。

在商业和互联网世界中，占意的这种相关性可以很好地解释品牌的作用。品牌效应背后的逻辑实际上是将品牌与多种属性、多种事物相连，从而只要有一项事物成功占意，其他的事物就会自发地形成占意。

例如，Google 公司最早是做搜索引擎起家的，PageRank 算法的大获成功使得 Google 这个品牌成功地侵占了每一个用户的意识，从而为 Google 获取了大量的流量。然而，如果我们关注 Google 近年来的发展就会发现，它的产品包括安卓操作系统、社交网络、自动驾驶汽车、Google 眼镜、AlphaGo 人工智能，等等，早已经不再局限于搜索领域了。而正是因为 Google 品牌的名气，它才可以成功地塑造其他的产品形象。

占意的相关性也可以解释为什么在互联网时代，产品的开发一定要做到单点突破，做到极致，而不是将有限的精力投放到过于宽泛而没有突出效果的事情上面。答案就是，将单一产品或者单一特点做到极致，才能使得人们对该产品留下深刻的印象，从而让用户形成产品和某一优良品质的相关联系。成功地用单一产品占据用户的意识之后，就能够利用品牌的相关性而拓展到其他领域中去。小米公司所做的事情正是如此，从小米手机这一单一产品成功突破重围之后，他们又将业务拓展到包括手环、路由器等一系列智能终端产品上面。

• 3.2.2　连续性与心流

占意具有连续的性质，这种性质体现为占意在流动的过程中存在着很强的惯性。我们每个人都有这种认识，即当我们的注意力高度集中在某个事物上的时候，我们的思绪很不愿意被别人打断。即使我们的思绪被外在的因素强制打断，头脑中的占意流动也很难适应新的情景。

意识像真实世界的运动物体一样具有运动的惯性。而且，注意力投入的深刻程度就仿佛是运动物体的质量，你投入得越深，这种意识的惯性也就越大，它也就越不容易改变。

当我们注意力高度集中的时候，就有可能进入所谓的心流状态 [2]。一旦进入心流，我们的占意流就会高效率地旋转运动起来，使得意识达到忘我的境界，从而完全沉浸在某事物之中。在本书的第 6 章，我们将继续深入探讨心流与沉浸。

• 3.2.3　连续性与相关性的关系

在前面的讨论中，我们提到了占意的两个重要的性质。值得注意的是，这两点从某种程度上来说存在一定的竞争性或矛盾性。如果我们需要沉浸在心流状态，则希望我们的意识高度集中，只被我们当前所关心的事物所吸引，这需要占意的连续性（稳定性）；然而，我们的意识还可以把许多相关的事物关联在一起，这体现了占意的某种相关性（灵活性或可塑性）。如果我们非常希望进入心流状态，那么过多的联想就会干扰我们的思考，而如果我们需要进行某些创造性的思考，过于局限地拘泥于细节又会让自己的思维受限。我们必须针对具体的任务，在占意的稳定性和可塑性之间选取恰当的平衡。

对于产品的设计者而言，他们通常会希望产品对用户产生更强的黏性，即产品对用户的占意有更强的稳定性。但对用户而言，这种强大的依赖性会让自己的吸收新鲜事物的能力减弱，从而减弱对其他产品的适应性。而且，用户会在该产品上花费过量的时间、金钱——更重要的是"注意力"本身，这些对用户而言都未必是一件好事。甚至对产品的设计者而言，也未必是一件好事。例如一个微信的重度用户未必会对腾讯的游戏产品有着同样的热情，这也是稳定性压倒了可塑性的一种表现。所以，在面对现实问题的时候，我们需要平衡占意的连续性与稳定性。

• 3.2.4 创造性

人类最了不起的能力之一就是创造性。而从占意的角度讲，创造性其实就是一种通过注意过程指导行动从而改变外在世界的过程。随着科学技术的进一步发展，这种用人的心智能力影响和改变外界事物的能力也就会越来越强。

人的占意有品质的高低，这主要体现在占意的集中度以及占意流的连贯性上面。当人们的意志力长时间、高度集中在某一点的时候，占意的品质就会很高。而恰恰是在这个时刻，占意的创造性就会体现出来，一些新的有创意的想法、理念就会自发诞生。这看起来似乎与我们前面所提到的"连续性与相关性的竞争关系"观点是互相矛盾的，我们应该怎样理解占意的创造力呢？

我们不妨用河水冲击平原形成河流盆地来比拟占意流的这种创造性。如图 3-1 所示，让我们考虑一股水流从山上流下来，它通过冲击河流盆地而形成了大大小小的河流分支。

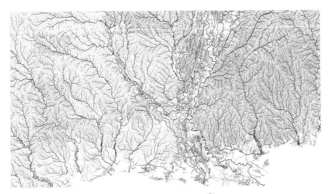

图 3-1 河流网络[①]

[①] 图片来自 http://www.somebits.com/weblog/tech/vector-tile-river-map.html。

在河流网络中，水流与河道形成了一种耦合演化的关系：一方面，水的流动显然要顺着河道而进行；另一方面，水流通过不断冲刷河道会反过来改变河道形状，甚至冲刷出新的河道。

在占意理论中，我们不妨将头脑中的概念世界当作河流盆地，而将我们的占意之流当作水流。同样的道理，在大多数情况下，占意之流要受到我们头脑中概念世界的限制。由于我们头脑中的概念完全来自于我们已经习得的外在事物的映射，所以它们会对占意流形成很强的约束作用。但是，只要占意流的品质足够高，惯性足够大，占意流也可以改变约束，突破各种条条框框，这就是占意流创造力的体现。关于这种创造性，我们还会在后面做进一步讨论。

3.3 占意流

如果你试着集中注意力，就会发现你的意识很难停留在一点上。它仿佛是一匹奔腾的野马，始终在不同的事物上跳来跳去。我们将每一时刻意识中的所思所想的概念看作一个点，那么你的意识就形成了一个在不同点之间跳转的流动。当我们考虑多个人的时候，他们的意识流就形成了概念空间中的占意之流。图 3-2 所示为 4 个人形成的集体占意流，其中，每个节点表示一个抽象的概念，不同线型和颜色的曲线表示不同的人。其中，每个点都表示你每一刻的所思所想。

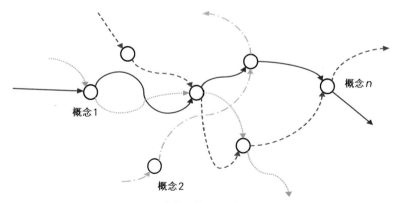

概念1

概念2

概念 n

图 3-2　4 个人形成的集体占意流（另见彩插）

• 3.3.1　占意流网络

我们可以用一种流网络模型来抽象表示占意流，以便于我们能够揭示占意流的各种特性。为了说明这个模型，让我们先从一个商城中的人流的例子说起。

假设有这么一家商城，里面有多家商店，大量的顾客从入口进来徘徊、游荡于各个商店之间。如图 3-3 所示，箭头表示局部的人流，A、B、C、D 是 4 个不同大小、形状各异的商店。尽管每个人的行动路径不尽相同，但是他们构成的群体却可以形成一股股人流。这些人流就可以抽象地用一张网络图来表示，如图 3-4 所示，其中节点表示商店，连边表示任意两个节点之间的流动，连边上的数字表示不同商店之间的人流量。

与此类似，让我们考虑一群人浏览一个网站（例如淘宝网），他们点击网站中的页面会形成流动，这些流动同样可以用类似的流网络来表示。图 3-5 展示的就是这个网站中的大量用户浏览访问所形成的流网络。其中节点表示页面，连边表示跳转，边上的数字表示跳转的流量。源和汇类似于商城的入口与出口。

页面上的人流可以近似代表这群人的占意流，这是因为用户访问的每个页面都会投射到这些人的意识空间中。而用户的点击行为则反映了注意力在意识中页面投射之间的跳转，所以这是概念空间中的流动。

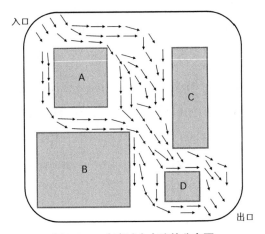

图 3-3　一个商城中人流的分布图

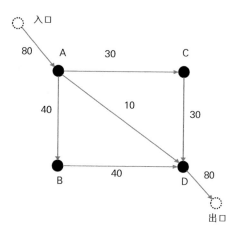

图 3-4　商城人流对应的流网络

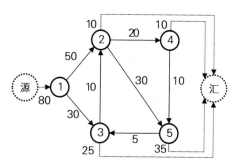

图 3-5　一个网站上的占意流

图 3-6 展示的是大量用户访问某国内新闻类网站的占意流网络图，其中每个节点都是一个新闻页面，连边的颜色深浅表示流量大小。节点按照从源到达该节点的流距离进行排列，最下面的节点是源。

Digg 是一个新闻类分享、社交的网站，用户自己可以添加新闻，也可以"挖掘"别人的新闻，被"挖"得越多的新闻就会越靠前，获得越多的占意流。图 3-7 分别展示了不同时期大量用户访问 Digg 形成的占意流网络的情况。其中每个节点表示一个新闻，节点的颜色表示新闻在 Digg 中的存活时间，越红表示存活的时间越长。节点离中心的距离就是源到该节点的距离。

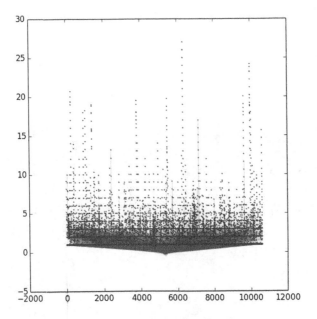

图 3-6　某新闻类网站（另见彩插）

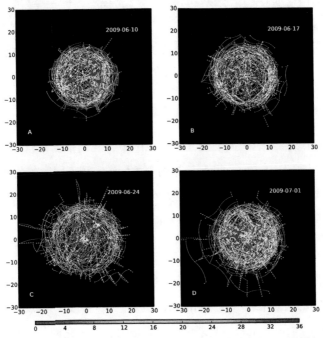

图 3-7　Digg 新闻网站不同日期占意流网络的展示（另见彩插）

与此类似，我们也可以将整个互联网看作一个大的商城，将每个网站看作一个商店，这样大量用户在互联网上的浏览行为就形成了他们浏览整个互联网的占意流网络。我们用美国印第安纳大学师生上网的数据近似绘出了他们浏览各个网站的占意流网络 [5][6]，如图 3-8 所示。

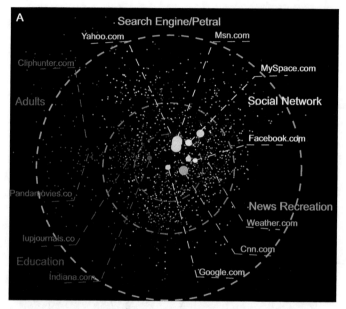

图 3-8　通过流距离得到的互联网地图（另见彩插）

根据图 3-8，我们能够观察出如下几个现象。

● 所有的网站自发地聚成了几大类。在图中，我们根据来自 http://sitereview.
bluecoat.com/sitereview.jsp 网站的分类标注，用不同的颜色将所有的网站染色。结果发现，有些类别如成人类网站明显地聚集到了整张图的左侧，而绿色的新闻／娱乐类网站则聚到了图的右下侧。

● 少数几个大型网站聚到了中心位置，尤其是 Google 基本位于整张图的正中心。按照我们的算法，对整个互联网生态越重要的网站就会越靠近中心。我们用圆圈的大小来表示该网站的访问流量。我们看到，虽然 Google 的流量相对于 MySpace、Facebook 来说并不是很大，但是它的位置却比 MySpace 和 Facebook 更加靠近中心，这彰显出 Google 对于整个互联网的中心作用。

- 最后，所有的网站的分布基本形成了一个以 Google 为中心的球形。我们可以按照球的半径大小从里到外把这些网站分成三个不同的层次（两条虚线圆形成了分界线）。我们发现最里面的球包含了仅仅 1/5 的网站数量，但是流量却涵盖了整个生态系统的 45%；第二圈则包含了全部网站的 40%，而流量却仅仅只有 25%；第三圈则是剩下的小网站。

每一天，印第安纳大学的师生上网浏览就会留下一些上网痕迹，形成占意流网络，那么不同日期就能得到不同的网络，也就会形成不同的互联网地图。于是，我们可以观察这张地图随着时间动态演化的情况。图 3-9 分别展示了 4 个不同日期（按照左上、右上、左下、右下的顺序）的互联网生态地图。可以看到，首先，Google 始终位于图形的中心位置。其次，有一些大网站逐渐退出舞台的中心，例如 Yahoo、MSN；而另外一些网站则逐渐从外围占据中心，例如 YouTube 就是一个后起之秀。其他方面则没有特别大的变化。

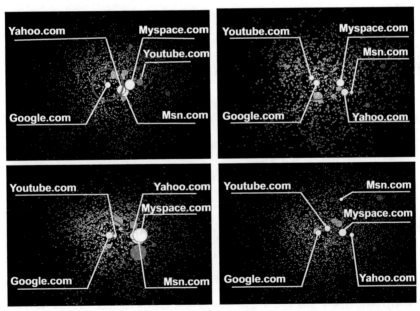

图 3-9　印第安纳大学点击流数据所展现出的互联网地图在 4 个不同日期的形态

最后，除了用点击动作生成占意流网络以外，我们也可以用用户的其他在线行为来生成类似的网络，但是网络的形态就会因为不同动作消耗注意力的品质不同而不同。

图 3-10 分别展示了用户回答问题（stackexchange 网站数据）、图片贴标签（Flickr 社区）和点击行为（百度贴吧）的行为模式。按照一定的算法，我们为每个节点定义了一个二维坐标，从而可以把整个占意流网络可视化。不难看到，不同的用户行为会形成非常不同的图形可视化模式。

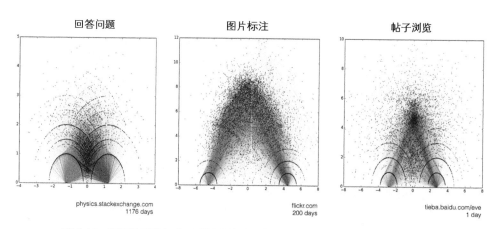

图 3-10　不同的用户行为形成的占意流网络所展现出的不同模式（另见彩插）

图 3-6、图 3-7、图 3-8、图 3-10 网络的展示方法

图 3-6 中每一个节点的纵坐标是大量用户从源跳转到该节点的平均跳转次数，横坐标则没有特别的含义 [3]。

图 3-7 中，每个节点到圆中心的距离就是源到该节点的用户平均跳转次数 [3]。

图 3-8 中，每个节点的坐标是按照如下的方式计算的：要使得任意两个节点在空间中的欧氏距离尽可能地等于这两个节点之间的流距离 [3][5]。其中流距离定义为大量用户从这两个节点的任意一个出发沿着占意流网络到达另一个的平均跳转次数。由于我们让节点之间的欧氏距离能够尽量地反映节点对之间的流距离，所以靠得越近的两个节点的联系通常越强。而与所有节点的距离越短的节点就会越靠近整个图形的中心。所以，Google 靠近中心恰恰说明它到所有其他网站的距离很近，这是因为用户都从它进入互联网从而到达其他网站。

在图 3-10 中，不同的用户行为形成的占意流网络展现出了不同的模式。其中每个节点的位置的确定要使得该节点到源（(−1,0) 位置）的欧氏距离刚好为源到该节点的流距离，而该节点到汇（(1,0) 位置）的欧氏距离刚好等于该节点到汇的流距离。从源发出的边被染成了绿色，到汇的边则被染成了红色。

• 3.3.2　占意流与能量流

在本书第 1 章，我们曾将人的注意力比喻为驱动互联网进化的能量。实际上，这不仅仅是一种比喻，如果我们采用占意流网络来描述大量用户的集体占意流，就会发现这种流网络与生态系统中的能量流网络具有极强的相似性。

我们知道，在生态系统中，不同物种之间会因为捕食关系而发生能量流动。例如，羊吃草的时候，储存在草里面的能量就会转移到羊身体里。与此类似，狼再把羊吃掉，羊体内的能量又会转移到狼的体内。而所有这些能量都来源于太阳，植物通过光合作用可以撷取太阳辐射的一部分能量。所有的能量最终又会耗散在环境之中。每当这些生物体呼吸、排泄甚至死掉的时候，它们体内的能量就会耗散掉。

整个能量流动的过程可以用一张流网络来表示，其中每个节点表示一个物种，源表示太阳，汇表示环境。在这样的流网络框架下，我们便可以比较生态系统的能量流和互联网上的占意流。

1. 流动的守恒性

自然界的能量流是守恒的，这体现在能量流网络上就是每个节点的流入能量等于从该节点流出的能量。

与此类似，在占意流网络上，每个节点的入流等于出流，因此，占意流也具有守恒性。事实上，由于每个人在一个时间点只能关注一件事，这体现为他（她）必然停留在占意流网络中的一个节点。所以，占意在网络上的流动不会创生也不会毁灭。

2. 流动的耗散性

生态学家林德曼发现，能量流在沿着食物链流动的时候，有将近 90% 的能量会被耗散掉，这些能量会由于呼吸作用而转化成热能辐射出去，或者转化为储存在排泄物中的化学能。我们知道热能是品质较低的能量，无法再被利用，而化学能尚可以被生态系统中的分解者利用。只有剩下的 10% 的能量才能够被捕食者获取。也就是说，能量流在转移的过程中极其没有效率，大部分能量都会被浪费掉。在能量流网络上，这种耗散流刚好是每个物种节点到汇节点的流量。我们将这样一种大量能量被耗散的事实称为能量流的耗散性。事实上，这种耗散流量占每个节点总流量的比例通常可以达到 80%~90%[7]。而耗散性恰恰是热力学第二定律在开放能量流网络中的具体体现。

在占意流网络中，这种耗散性也是存在的。我们知道，由于人很难将注意力长时间关注在同一个事物上面，所以无论一个网站或者应用的内容多么吸引人，用户最终会流失，而且比例也是很大的。同样地，我们将每个节点到汇的流量称为该节点的耗散，在通常的占意流网络中，这种耗散流占节点总流量的比例也达到了 70%~80%[4]。这种用户流失现象是符合广告学中的金字塔模型的。

3. 营养级

在生态系统中，另外一个有趣的事实是，所有的物种会形成一个金字塔结构。处于食物链底端的物种虽然个头通常比较小，但是它们的数量却异常庞大；而处于食物链顶端的物种则拥有大个头，但是数量却比较少。

营养级 ....

在生态学中，一个物种的营养级是该物种的重要属性。营养级的计算依赖于整个生态系统的食物网结构。人们一般将物种 i 的营养级定义为从源到 i 的所有可能网络路径中最短的一条路径所对应的长度。

图 3-11 所示是一个简单的食物网，从源（太阳）到 1 的路径有 3 条，其中最短的一条是从源直接到 1，所以 1 号节点的营养级就是 1。

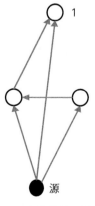

图 3-11　一个简单的示例食物网

如果我们按照每个物种的营养级（即从能量源——太阳沿着各种可能的食物链到达该物种的最短距离）把生态系统中的生物进行排列，就会得到一座漂亮的金字塔[7]，如图 3-12 所示。

可以看到，从下往上，物种的数量越来越少，物种的营养级却越来越高。这是非常有趣的生态学规律。

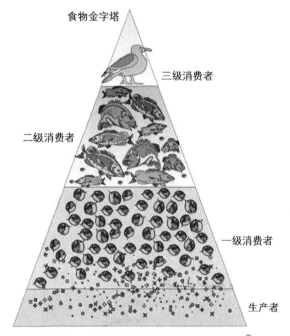

图 3-12　真实生态系统中的食物链金字塔[1]

如果将占意流比喻成能量流，将虚拟世界中的网站比喻成物种，那么整个互联网世界就是一个生态系统。而占意流网络则构成了一个"食物网"：每个网站都以争夺用户的占意为最根本的生存法则——只有获得占意流的网站才能存活下去。占意流的不断冲刷还会催生出新的网站，甚至新的局部生态系统。

我们用印第安纳大学师生的上网数据绘制了互联网网站的营养级，看到了同样的金字塔结构，如图 3-13 所示，其中，连边表示跳转关系，节点大小表示该网站流量的大小。

---

① 图片来自 http://www.ipm.ucdavis.edu/WATER/U/foodweb.html。

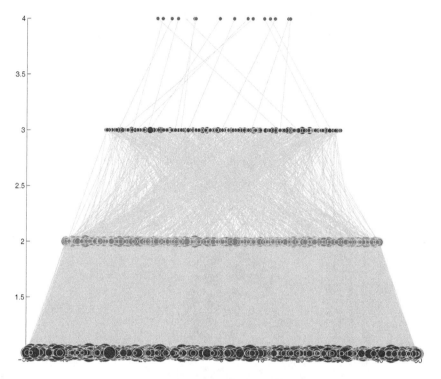

图 3-13　利用印第安纳大学的流量数据绘制的网站形成的占意流金字塔（另见彩插）

占意流和能量流的相似性不仅仅体现在这些定性方面，定量研究指出，占意流在网络论坛中的流动也服从与能量流在生物体中的流动相类似的克雷伯定律。详细内容请参见附录 A。

• 3.3.3　占意流的优化

前面我们已经提到，占意流表达了用户注意力在不同概念、观点上面的转移，因此也就是用户体验。如果我们能够获得用户在概念、心理状态上的占意流数据，那么这些流也就可以传达给我们关于用户体验的信息。当然，目前的技术手段尚无法打开人的脑袋探测心理，但是我们可以近似地用网站上的占意流来建模用户体验。

因此，占意流网络的一个潜在应用就是帮助我们进行用户体验的优化。假设我们考虑一个网站、一个社区或者一款游戏、一个 App，大量用户使用这种产品的体验被编码到了用户的一系列动作之中，这种动作又可以被占意流网络来建模；于是，不同的用户体验就对应了不同结构的占意流网络。对网络结构的优化也就是对用户体验的优化。

1. 流畅感

我们都有过这样的经历：无论是苹果电脑、苹果手机还是微信，都会给我们带来一种使用爽快的体验。这种体验虽然难以名状，但是它们大多会与用户在使用过程中所体会到的流畅感有关。用户操作流程越流畅，用户觉得越舒服。

当用户带着某种目的使用软件的时候，流畅性就是一个关键的指标，它可以用占意流网络的结构特征来刻画。我们知道，占意流网络表达的是大量用户进入系统后的行走轨迹。所谓的流畅感就是指用户为达到某个目的（让系统进入某一个状态）所经历的平均最短时间。这个时间越短，用户感觉就越爽。

比如我们拿网上购物的体验来说。当用户选择完商品之后，要去结账的页面交钱付款。那么用户显然希望中间的点击次数越少越好。但是由于用户在使用过程中要不可避免地进行一些操作，而且不同用户面临的情况又会不尽相同。所有用户从出发到终点的路径就不止一条。于是，流畅度就应该定义为从起始到目标的平均路径长度。它应该越小越好。于是，我们便可以从优化流网络结构的方面来优化用户体验了。

2. 黏性

在游戏、娱乐类网站中，用户操作软件不具有特别明确的目的，而仅仅是为了娱乐或社交，则黏性是另外一个重要的指标。由于用户是种宝贵的资源，无论是网站、App 还是游戏，都希望将用户留住。人们可以把用户停留在系统之中的平均时间作为黏性的度量。从流网络的角度来说，黏性也可以用用户从源到汇的平均路径长度来定义，这样用户在系统中停留的时间越长，游走的节点越多，系统对用户越有黏性。

3. 沉浸感

对于网站、社区、游戏来说，好的设计不仅仅能黏住用户，更重要的则是让用户在其中产生沉浸感。正如前面所述，当用户产生沉浸的时候，他们的占意流效率就会更高。

尽管目前我们尚未找到刻画沉浸体验的定量指标，但是我们很可能也可以用占意流网络的结构加以刻画。比如占意流中的环路大小和比例就有可能和沉浸的产生有密切的关系。当然，也可能完整地刻画沉浸需要用到更多的信息和工具，而不仅仅是占意流网络。

3.4　小结

本章我们首先提出了占意的概念。它有两层含义，一层是它作为名词表达了一种广义的注意，即意识被某种事物占据的状态。当占据主体为外在的事物的时候，则占意就是狭义的注意；当占据主体为内在的需求的时候，则占意就是意愿。而占意的流动就构成了体验。另外，当占意一词作为动词使用的时候，它表示的是对思维主体意识的占据的意思。互联网产品的竞争体现的就是对意识空间的争夺。由于意识存在着多个层面，所以占据意识空间需要占据制高点。

第二部分，我们将精力重点放到了实际系统中的占意流上面。我们得到的一个重要结论是：占意流之于数字资源系统正如能量流之于生态系统。重要的支撑包括三个方面：占意流和能量流一样在流动的过程中都满足守恒性；占意流和能量流都具有耗散性，耗散占据了流量中的很大一部分；在占意流的冲击下，各个网站也可以形成类似于生态系统那样的金字塔结构。另外，如果将网络社区比喻为一个生物体，那么它的占意流也服从生物界著名的克雷伯定律这一定量的"新陈代谢"法则，参见附录 A 部分的内容。最后，我们指出占意流在一个软件系统中的分布情况会决定该软件的用户体验，因此针对不同的应用场景，从流畅感、黏性，以及沉浸感等方面来优化占意流结构也有可能提高软件的用户体验。

与传统的方法相比，占意流网络是基于一种宏观的、类比性的思考，而不是针对用户行为的具体细节。这种考虑虽然可能损失一些精确信息，但是好处是它可以帮助我们宏观地把握系统的结构。这可以为传统的用户分析提供一种有益的补偿。

参考文献

[1]　Baars, Bernard J. In the theater of consciousness, New York: Oxford University Press, 1997.

[2]　Csikszentmihalyi M. Flow: The Psychology of Optimal Experience. Harper Perennial Modern Classics, 2013.

[3]　Liangzhu G, Xiaodan L, Jiang Z, et al.Open Flow Distances on Open Flow Networks; Physica A 2015, Vol 437, 1, 235-248.

[4]　Lingfei W, Jiang Z, Min Z. The Metabolism and Growth of Web Forums; PLoS ONE 2014, 9(8): e102646.

[5]　Jiang Z, et al. A Geometric Representation of Collective Attention Flows. PLoS ONE 2015, 10(9): e0136243.

[6]　Meiss M, Menczer F, Fortunato S, et al. Ranking Web Sites with Real User Traffic. In: Proc. First ACM International Conference on Web Search and Data Mining (WSDM); 2008. p. 65.

[7]　Odum H T. System Ecology: an introduction. John Wiley & Sons Inc,1983.21.

第 4 章

解读互联网

尽管目前互联网思维已经略显降温，但在我国政府"大众创业，万众创新"口号的鼓舞下，"互联网＋"的思维模式仍然以一种势不可挡的趋势扫荡着各行各业。颠覆式创新、精益创业、产品社群、粉丝经济、社群经济、共享经济……市面上有关互联网思维的图书、理论、脱口秀可谓是举不胜举，然而在这些喧嚣嘈杂的声音背后，我们仿佛很难找到一条理论主线，目前尚不存在一条统一的理论能够将不同的互联网现象科学地串联起来。

在上一章，我们综合注意力科学的相关学派，提出了占意理论，这套理论指出了占意的三种主要构成：注意、意愿和体验。本章我们将用这个高维的理论来解释低维度的互联网现象。我们将看到，自从互联网出现之后，人们的社会生活之所以开始发生天翻地覆的变化，是因为注意力流动将超越物质和信息的流动，形成一种主导。这也是第 1 章所介绍的各种各样的翻转现象开始呈现的原因。就像商品经济发展到极致会出现以货币资本运作而生的资本家一样，未来将会演化出以占意资本运作为主导的"意本家"。对于这些人来说，货币只不过是吸引占意资源的一种有效手段，而不是生钱的资本。在这样的"意本"世界里，追求完美和发烧的产品经理可谓是占意资本的寡头，而增长黑客们则是深谙占意运作之道的专家。利用占意的扩散性和创造性，人们可以完成从 A/B 测试到精益创业的整个过程，甚至在未来发明自动创业的机器。在占意理论看来，社群是通过人和人之间的社交关系来增加用户的黏性从而存储占意的容器，这是因为社交的本质就是注意力的交换。最后，我们将会探讨共享经济和体验——占意之流之间的关系，人们会放弃拥有而追求体验，这是促进宏观共享经济得以实现的微观基础。

4.1 流动与翻转

我们都观察过公路上川流不息的汽车流。当汽车的密度达到一定程度的时候，它们中间就会形成一些空隙，并且空隙会反向地流动。

如图 4-1 所示，圆圈代表公路上的汽车，竖线表示公路。当汽车在马路上奔跑的时候，它们会形成从上往下的汽车流。而当汽车逐渐增多后，另外一种反向的流动就会出现。我们用不同时刻（从左到右）的道路快照来表示汽车流动的情况。由于驾驶员的大脑反应速度有限，所以，当最下面的车驶出这段道路的时候，后面的汽车没有马上跟上，就会形成一个两车之间的空穴。紧接着，第二辆车马上加速填补了这个空穴，于是第二辆车与第三辆车之间又会形成一个空穴……就这样，当汽车一辆一辆向下流动，并填补空穴的时候，这个空穴就会逆流而上形成一种反向的流动。假如我们是一个外星人，站在高空俯瞰整个公路，那么我们看到的很有可能不是汽车在动，而是反向的空隙在从下往上传播。有意思的是，著名量子物理学家狄拉克就曾经将他发现的正电子解释为真空中电子海洋之中的"空穴"。

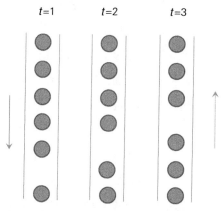

图 4-1　公路上的汽车流以及反向的空穴流

这种反向流动出现的原因就在于我们切换了观察事物的角度。通常情况下，我们会习惯于将汽车看作前景，将空穴看作背景，于是我们看到的是汽车从上往下川流不息。但是，如果汽车足够多，一辆紧挨着另一辆，我们就更容易看到反向的空隙的流动，我们的视角会自然地发生切换。

更有意思的是，这种流动的反向以及前景和背景的切换是一种极其普遍的现象。由于流动广泛存在于人类社会中，例如物品流、货币流、人流，等等，这样新的反向流动的出现往往都会伴随着社会的重大变革。例如，商品和货币就是两种互为反向的流动。在工业化社会之前，商品的流动远比货币的流动更加重要，它是一种前景。但随着社会化大生产的进一步加深，反向的流动开始凸显，货币被人们当成了前景，而商品的流动开始不那么重要了。从此，人类全面进入了一直沿袭至今的现代经济社会。

在《资本论》中，马克思就曾论述到这一翻转的现象[1]。我们知道，商品的交换可以表述成这样一种连续不断的流动链条：

$$\cdots G\text{--}M\text{--}G\cdots$$

其中，G 表示商品，M 表示货币，"−" 表示互换关系。G–M–G 表达的意思是流动和交易的起点和终点都是 G，也就是商品，而 M 仅仅是为了达成这种交易的中介。在农耕时代，由于物质的匮乏，人们更加看重的是物质和商品，更愿意持有物品而非货币。在他们看来，货币仅仅是个媒介。

随着社会的深入发展，这个链条的流动逐渐加速，尽管链条的内容没有发生改变，但是货币的作用和地位却发生了本质的变化。社会上开始出现一些人将货币看作起点和终点，而将商品看作中介。对于他们来说，这些中介商品究竟是棉花、大豆还是石油都无所谓，因为他们的最终目的是让手中的货币能够再生货币，也即创造利润。于是，新的链条可以表示为：

$$\cdots M\text{--}G\text{--}M\cdots$$

这就是资本运作的奥秘：钱能够自动地增值。于是，这些人用货币购买商品，但他们的最终目的并不是消费这种商品，而是在特定的时间点，再把这种商品卖出去，从而获得更多的货币。于是，这类人就被称为资本家，而他们手中的能够创造利润的货币就被称为资本。

与此类似，如今的信息化社会也存在着两种显著的互为反向的流动，一种是信息，一种是注意力。信息从 A 流动到 B，必然伴随着注意力从 B 流向 A[①]。在互联网诞生的早期，当信息资源不够丰富的时候，反向的注意力流动并不明显。但是，正如诺贝尔奖得主郝伯特·西蒙所说，随着信息社会的深入发展，注意力的流动将变得越来越重要 [2]。这正是我们这个时代发生的流动翻转现象。

流动的翻转必然伴随着大量的转向。在第 1 章中，我们曾经介绍了一些翻转现象，包括观众走上舞台、学生成为课堂的主角、普通人摇身一变成为自媒体人。大众的力量不容小觑。所有这些翻转都是因为普通大众具有更加庞大的占意流资源。我们的社会正在从以信息、内容、知识为核心，转变到以普通民众的注意力（或占意）资源为核心。在互联网世界中，流量为王、流量先行的观点正是这种反向流动凸显的表现。

4.2 货币流与占意流

一方面，信息和注意力构成了两种反向的流动；另一方面，货币仍然是社会发展的主宰力量。于是，思考货币流与注意力流分别在物质世界和信息世界中的反向流动就变得非常有意义了。只有能够变现并盈利的互联网企业才能长久地存在下去，并对真实世界起到至关重要的影响。本节我们将针对互联网公司估值、免费现象以及增长黑客等实例讨论货币流与占意流的相互作用。

• 4.2.1 互联网公司估值

在流量为王的互联网世界中，一些新兴创业公司没有任何资金和人员支持，应该怎样快速成长呢？这就要通过一整套风险投资拉动的方法来实现。而在风险投资

---

① 这里的注意力流特指在人际之间的注意力流，A 到 B 的注意力流表示的是 A 关注 B。这与前几章讲的注意力流略有不同，在那里注意力流表示在不同网站、概念、数字资源之间的注意力跳转。

中，最核心的问题就是要在尽可能短的时间内对初创公司尽可能客观、合理、准确地估值。

下面我们来看一个经典的案例，通过对纽约时报公司（The New York Times）和推特（Twitter）公司的比较，来说明应如何进行估值以及估值的重要性。

2013 年，纽约时报和推特这两家公司都雇佣着几千名员工，都给数百万人提供大量的时事资讯服务。但推特刚一上市就价值 240 亿美元，是纽约时报市值的 12 倍还多。怎么解释推特公司的高额价值呢？答案是现金流，这听上去很奇怪，因为纽约时报在 2012 年还盈利了 1.33 亿美元，而推特却是亏损的。但投资人知道，一个企业成功与否要看它未来生成资金流的能力。他们判断，推特在之后的 10 年中可以获得垄断利润，而报纸的垄断时代却会结束。[3]

简单地说，一个企业今天的价值是它以后创造利润的总和。但是，面对一个初创公司，投资者们将会根据什么来确定对它未来收益的预期呢？答案就在于，在很大程度上，我们要根据这个公司在现阶段的占意程度来决定，这包括日活（日活跃用户数）、频次（用户的平均访问次数）、留存（老用户的占比）等关键数据，它们都是表征占意流的。我们甚至可以粗略地说，**一个产品的现在的占意大小等于对该产品的未来收益预期，也就是对它的估值**。

早期的互联网产业通常以流量为王，现在则进入了粉丝和社群的阶段。从占意理论的角度来讲，流量其实就是人们的占意流，而粉丝则是指更高质量的占意流。所以，互联网公司会采用各种方式来占据用户的意识空间。从这个角度来说，互联网初创公司要在很大程度上去培养用户习惯，占据用户的意识空间，种下占意的种子，建立基于互联网的组织形态。例如，用户逐渐习惯了在智能手机上获取资讯、购买商品、打车出行，在享受过这样更加免费、便捷、高效的服务后，渐渐就回不去原来的传统方式了，于是用户就养成了新的习惯。占意就仿佛是一种势能，它能够在未来实现大规模的实际购买行为。因此，一个初创公司的占意越大，它在未来赚钱的机会也就越多，估值通常也会越高。

总结来看，一个公司现在的占意大小决定了对该公司未来占领市场的预期，也就决定了对该公司的估值和投资。抽象来说，我们每一时刻的思考和行动，实际上取决于我们对未来的想象，而这些想象又会通过货币流和公司反作用于我们此刻的思考和行动，过去、现在和未来是如此复杂地缠结在一起。这就是时间、占意和货币的神秘联系。

• 4.2.2 免费逻辑

那么，初创公司又是如何在短时间内快速、有效地占据用户的意识空间，获得大量的占意流的呢？答案仍然在于货币。互联网公司通常会让渡一些货币，从而换得可观的占意流。

免费就是一种常用的方法。当年杀毒软件 360 能够在短时间内快速击败其他对手，占领国内杀毒市场，就是通过免费的方法做到的。尽管 360 杀毒在技术上比不过其他老牌的杀毒软件，但是正是因为它是免费的，而且使用起来简单方便，所以才赢得了用户的认可，从而快速地占领了市场。360 的逻辑是，通过免费以吸引用户的占意，并形成在短时间内对整个市场的垄断性优势，然后再通过其他手段来变现，以谋求经济利益。

免费这种玩法在一些极端情况下甚至变成了补贴货币以换取占意的玩法。例如，2015 年中国国内的 O2O（online to offline，从线上到线下）市场就上演了非常惨烈的贴钱赔本换取流量的故事。为了进军传统行业（例如出租车、外卖、家政服务、美甲等），也为了将新的 O2O 模式推行起来，各大公司通过让利而占领人们的意识空间。例如滴滴打车在 2015 年就砸钱数亿元，培养起了出租车司机、乘客利用滴滴打车的习惯。

在这些例子中，货币显然起到了至关重要的作用，但是它的作用至少在短期内来看是为了换取到占意，而非挣钱。从资本的角度来看，换取占意则是为了获得进一步的收益和利润。于是，我们看到了一个全新的流动之链：

$$\cdots M\text{--}B\text{--}M\cdots$$

其中，M 代表货币，B 则代表占意（betention）。我们不难看出，在这个公式中，B 与以前的 G（普通的商品）相比没有本质的不同。然而，随着互联网的进一步发展，我们猜测，一种全新的流动反向将会诞生，它可以概括为：

···B－M－B···

即用货币为媒介，实现占意的增值。仿照资本的定义，我们将能够增值的占意称为**意本**，而那些以获取占意增值为目的的企业家也可以被称为**意本家**。

马云曾将阿里重新定义为"本质上是一家扩大数据价值的公司"。这里的数据自然主要是指用户的数据，从占意理论的角度来说，用户数据其实就是占意流的一种表现。所以，阿里也许可以成长为从数据到数据的无限增值，也就是从占意到占意的增值的公司。到了那个时候，马云将会成为彻头彻尾的意本家。

• 4.2.3　增长黑客

"增长黑客"（growth hacker）这一概念源于硅谷，是指那些试图用更聪明、更有创造力、更低成本的方式，解决产品用户增长，即有效地获取占意流的问题。他们通常采用的手段包括搜索引擎优化、电子邮件召回、病毒营销等，而页面加载速度、注册转化率、E-mail 到达水平、病毒因子这些指标成为他们日常关注的对象。[4]

"增长黑客"是 growth hacker 的直译。如果我们拆分来看，growth（增长）指的便是占意增长这一核心目标。我们知道，由于占意的耗散性，注意力会形成漏斗形状，即不同的用户占意存在着不同的品质，沿着漏斗每往下一层，占意的品质就会升高一层，而用户的数量就会相应地减少一些。

因此，我们所说的增长不仅包括单纯用户量的累加，更囊括了不同品质占意流的增加。由于占意流的耗散性，用户的积累会分层次进行，这就形成了一个所谓的"AARRR"转化漏斗，即 Acquisition（获取用户）、Activation（激发活跃）、Retention（提高留存）、Revenue（增加收入）、Referral（传播推荐）[4]，如图 4-2 所示。在这个漏斗中，被导入的一部分用户会在某个环节流失，而剩下的那部分用户则在继续使用中抵达下一环节，在层层深入中实现最终转化。这一漏斗对应了占意品质的漏斗。越往下，用户占意的品质也就会越高。

图 4-2　AAARR 模型

　　获取用户占意流就仿佛是利用水泵把水从一个大池子里抽出来的过程，同时这个抽水水管还是漏的。最终能够抽取多少取决于池塘的容量（市场的大小）和状态（正在成长还是正在萎缩）、水泵的功率（需求的强弱）和水管漏水的情况（用户的流失）。增长黑客能够有效地提高水泵的功率，增设多个水泵，发现并维修水管漏洞，他们能够利用各种办法帮助你更快地抽到更多的水。下面，我们就通过 Hotmail 的案例 [5] 来了解增长黑客的玩法。

案例：病毒营销的鼻祖 Hotmail

　　1996 年，两个年轻的工程师杰克·史密斯（Jack Smith）和沙比尔·巴蒂亚（Sabeer Bhatia）利用业余时间开发了一套基于网页的邮件系统，Hotmail 刚推出时反响平平，这种没有邮件客户端、只需要访问浏览器就能收发邮件的全新产品形态，并没有立即赢得市场的认可。他们需要将这个全新的免费服务迅速推广传播到用户那里的办法。按照传统的推广方式，线下路标大型广告牌、电台广播或者电视广告等方式显得既铺张浪费又缺乏理性，也无法精准地找到真正的用户——对在网页上使用电子邮件有实际需求的用户群体。

　　于是他们的天使投资人蒂莫西·德雷珀（Timothy Draper）建议与其烧更多的钱，不如就在邮件上作文章。经过进一步讨论后，他们想出了一个绝妙的办法——在每一封用 Hotmail 发出的邮件尾签名处，增加了一行附言："我爱你。快来

Hotmail 申请你的免费邮箱。(P.S. I love you. Get your free E-mail at Hotmail.)"

这一策略一经推出，Hotmail 的用户注册曲线发生了戏剧性的变化，产品以几何级数方式传播，开始以每天 3000 个新用户的速度增长。Hotmail 在用户间逐渐形成口碑，每封发出的邮件都成为了病毒式的广告宣传，被另一个原来就有电子邮件使用习惯的人接收，这种一传十、十传百的放大效应，使用户增长如滚雪球般越来越快。

在 6 个月的时间内，Hotmail 迅速成为互联网新兴服务的翘楚，成功斩获了 100 万用户。随后凭借这一庞大的基数，仅 5 周之后，Hotmail 就获得了第二个 100 万用户。直至一年半后出售给微软之前，Hotmail 的全球用户总量达到了惊人的 1200 万人——要知道当时全球的网民数量也才不过区区 7000 万人。

这是互联网发展早期的一起教科书式的网络营销事件。Hotmail 仅依靠一行文字，就恰到好处地撬动了它的用户为它进行免费宣传。整个过程既没有生硬植入的骚扰信息，也没有大张旗鼓的巨额投入。直至今天，这一策略依然被国内外的邮件服务提供商所采用。而其背后的思想也逐步被人归纳整理，成为一套低成本驱动初创公司产品增长的有效方法。在硅谷，这股全新的产品增长理念正在兴起，而使用这一方法工作的人——增长黑客——同时也创造了"病毒营销"这个概念。

4.3　占意制高点

在第 3 章中，我们曾经提到，人类的意识空间是分层级的。这种层级的划分与马斯洛的需求层次有着很强的关联性和相似性。一般来讲，高层次的意识会决定或影响低层次的意识，因此从互联网产品的角度说，占领意识的制高点成为了关键的因素。

• 4.3.1　单点突破，做到极致

现今的社会是一个物质极大丰富、信息高度泛滥的社会。而与此相对应的是，我们的意识空间尚存在着一大片尚未开发的处女地，在这片土地上存在着非常多的

维度。现在的互联网产品竞争从本质上讲就是要争夺这些不同的维度和空间。

著名媒体人、"罗辑思维"的创始人罗振宇曾经用仙人掌来比喻互联网空间的现状。如果我们将互联网空间比喻为一个球，那么一个互联网产品就好像一根刺插在这个球上。由于球的对称性，不同的刺从本质上讲没有什么位置上的差异，这体现为互联网的扁平化特点。但是每个刺的高度可以不一样，只有那些高高的刺才有足够的竞争注意力的能力。这也就是说，互联网产品要做到有足够高的逼格，以求在某一个生态位上能够长出来，这样才能引起用户的注意。

"单点突破、做到极致"就表达了这个意思。"单点突破"讲的是我们应该选择一个足够明确的生态位，以彰显自己的个性。而"做到极致"的意思就是说，我们要让这根刺长得足够高，做得足够精、足够好，这样才能形成这个产品的品牌，从而可以在用户的意识空间中占据一席之地。有这样一种说法，在互联网行业只有老大和老二，而老三往后不能生存。这种说法进一步阐述了"单点突破、做到极致"的重要性。

• 4.3.2　产品的温度

如何让你设计出来的产品占据用户意识的制高点呢？一个必要但不一定充分的条件就是产品设计师的意识制高点要首先被该产品占据。也就是说，我们要设计出有温度的产品，我们要追求极致与完美。只有这样，你才能设计出让用户一眼望去就不会忘记的产品。

乔布斯就是一位追求完美的艺术家。苹果电脑就是乔布斯设计的艺术品，而不是一台普通的电脑。无论是外观设计还是用户体验，抑或是工业设计或系统设计，甚至细微到主板如何摆放，这些在乔布斯眼里都必须是美观的，尽管用户可能没办法拆开机箱看到内部。

正是这样一种对产品的设计与审美超高标准的追求，使得苹果电脑成功地占据了用户们的意识空间。大家已经不再将苹果的产品视为一种产品，而是一款艺术品，甚至是情感的寄托。

4.4　社群——注意力"电池"

注意力经济大师高德哈伯曾说过，人们的交谈过程本质上讲可以看作注意力的交换。因此，人们之所以需要社交，是因为我们需要交换注意力。受到别人的关注是我们每个人的一种刚性需求。

• 4.4.1　社交

近年来，越来越多的互联网产品都添加了社交的因素，这会大大增加产品的黏性。例如，各种健身 App 都会让你把健身的成绩分享到朋友圈。这会激发你参与健身的程度，因为你知道你的健身活动是被很多人关注着的。

尽管很多产品都是高度个性定制的，具有足够强大的人工智能，人们还是更愿意受到其他人类的关注，而不是机器的关注。换句话说，迄今为止，机器尚无法替代人类付出注意力。所以，要想留住用户，并将用户黏在产品上，我们可以借助其他用户的力量，以组成社群。

那么，从这个角度讲，网络社区、社交网络、即时通信工具都是利用人际之间的互动来保留、存储用户注意力的工具。

• 4.4.2　社群

社群是最近几年比较火的一个概念，它是一种能够刺激很强互动性和自组织性的社交团体，因此也是一种留存用户占意流的最有效的工具。一般来讲，一个社群应具备如下几个特征：

- 成员具有某种共同的喜好或信念；
- 成员之间存在着很强的互动性；
- 成员结构是自组织形成的。

社群相对于一般的社交网络而言，有着更强的互动性。我们熟悉的微信朋友圈、微博等都不是社群，而是社交网络。人和人之间可以通过社交网络建立起连接，但是人和人之间的互动不一定非常强。

事实上，社群并不一定必须依赖互联网，只要社群内的成员具有相同的价值观或者喜好，自组织地形成相互连接的整体，就都可以视为社群。所以，有人说基督教就是延续历史最长的社群之一。

在 PC 时代，网络论坛虚拟社区等也是类似社群的存在。但是，由于受到 PC 设备的限制，成员无法通过跨越时空的交流而形成紧密联系的团体，因此，我们通常称之为社团，而非社群。但是，进入移动互联网时代之后，由于手机上的交流可以不受时间和空间上的隔离限制，可以做到随时随地的交流，所以，这种团体就逐渐形成了社群。

社群具有非常强大的力量，这是因为成员之间可以通过自组织的互动形成整体。相对于粉丝和论坛的注意力互动模式，在社群中，人与人之间的交流和占意分配是完全对等的（如图 4-3 所示），这就会让每一个社群成员都能感觉到自己受到了别人的关注，而别人也会被自己关注，这就是占意交换形成的高黏性和凝聚力。而对于普通的粉丝模式，由于占意的分配是粉丝关注偶像，而偶像只能关注少数几个粉丝，因此占意的分配并不对等，所以不能产生更高的黏性和留存。我们说社群实际上是占意的一种黏合剂，或者是保留用户占意的一种方法。我们可以将社群比喻成"注意力电池"。通过人为地设计、引导社群，我们可以为互联网产品存储占意资源。

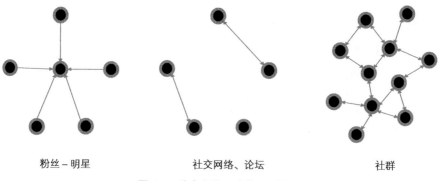

粉丝 – 明星　　　　　　社交网络、论坛　　　　　　　社群

图 4-3　注意力流互动的不同模式

目前国内影响力较大的社群如罗辑思维社群罗友会，他们的共同爱好就是对《罗辑思维》的喜爱。另外，小米手机是一个产品型社群，米粉聚在一起的理由就是对小米手机这款产品的喜爱。当然，现在的互联网上还有着其他各种社群。

罗辑思维与罗友会

"罗辑思维"问世于 2012 年 12 月 21 日。知名媒体人罗振宇、独立新媒创始人申音、资深互联网人吴声合作打造了知识型视频脱口秀《罗辑思维》。[6] 后来，罗辑思维通过公开招募收费会员的方式聚集了一批铁杆会员，这些会员自发地组织起来，在全国各地形成了一个个社群——罗友会。因此，罗辑思维由一款互联网视频产品逐渐延伸为影响力最大的互联网知识社群。

之所以称罗友会为社群，主要是因为以下两个原因。

● 这些成员具有共同的喜好：对于罗振宇的喜好与认可；

● 社群活动组织并不依靠罗振宇本人，而是通过这些成员自发形成的层级结构，虽然罗振宇本人会与一些罗友会成员发生互动，但是总体来看，罗友会的管理是自组织的。

罗振宇称，社群经济的底层密码就是让一群协作成本更低、兴趣点更相同的人结合在一起，共同抓住机会，打造"所有会员为所有用户服务的众筹平台"[7]。可以预见，罗辑思维社群一定会有自己的产业，组建社群内的人一起来做，在社群内外销售。未来，罗辑思维也会向其他产业链去伸展，形成更大的声势和共振。

小米：产品型社群

众所周知，小米诞生之初就是"为发烧友而生"的。最初做 MIUI（小米手机的操作系统）时，小米 CEO 雷军曾要求团队不花一分钱，将用户做到 100 万。于是，小米联合创始人黎万强将目光瞄准了论坛，从各大手机论坛挑选了 100 位种子用户，这群人便是早期 MIUI 设计和研发的参与者，也是小米社群的最初一批成员。[8] 在小米手机面市之前，这些最初的用户已经构建了一个非常强大的社区，在全国各地组织了无数次线上线下的活动，同时通过论坛和 QQ 群等方式运营线下各种各样的比赛和活动。到 2011 年 8 月份手机发布会的时候，小米已经拥有 50 万手机开发者和发烧友这个层面的人群。小米社群已经形成。

对于小米公司而言，手机只是聚合用户的一个入口。首先小米依靠高性价比的手机来吸引用户，进而将成千上万的米粉通过 MIUI 集结在一起，让米粉形成一个相互连接的、庞大的社群。小米只需做好口碑，经营好这群米粉，就可以挖掘整个产业链上的增值服务，从而获得收益。

通过这种社群化的管理、营销，小米手机创造了一个又一个的商业奇迹。目前，小米已经成为了运用互联网思维做产品的典型案例。

4.5　从 A/B 测试到自动化创业

在第 1 章中，我们曾经介绍过一个叫作 Biomorph 的小程序。在这个程序中，计算机会生成一组随机的生物形态展现在屏幕上。玩家会根据自己的审美偏好，点选一个他（她）认为最好看的生物体，于是计算机程序会将这个被选中的生物体的基因串拿出来，进行一些很微小的变异，并生成一组与其相似的子代生物体，再让用户选择。就这样，用户的选择和计算机随机的突变构成了耦合演化的过程。

如果我们将用户的点选理解为占意流，那么这个例子则展示了占意流是如何自动地塑造生物形态的。

这好像仅仅是一个有趣的小游戏，但实际上，在互联网产品开发的过程中，工程师们早已经学会了这个小游戏的精妙之处，并提出了一套方法，称为 A/B 测试法。其核心思想就是让用户的占意流冲刷产品，从而进行选择。

• 4.5.1　A/B 测试法

A/B 测试，简单来说，就是为同一个想调研的目标制定两个不同的方案（比如两个页面），让一部分用户使用 A 方案，另一部分用户使用 B 方案，记录下用户的使用情况，通过数据观察分析后，对比确定看哪个方案更优，更符合设计，更受用户欢迎。比如某个按钮到底是蓝色还是绿色好，直接让用户或者一部分用户上手使用，进行测试后，看点击率是否提升，让用户行为告诉你哪个方案更好。

如果我们将 A、B 不同的方案看作生物体，用户点击就是选择，那么 A/B 测试法就是一个典型的 Biomorph 程序。只不过，在 A/B 测试中，产品方案的改变不是由程序自动实现的，而是依靠工程师手动调整的。

互联网巨头 Google 是使用 A/B 测试方法的老手。有时，Google 要将公司的LOGO 在首页上移动一点。那么，究竟移动多少合适呢？尽管这是一项极其细微的调整，但 Google 也会考虑每一次小小的移动是否会引起点击数的变化，从而确定最终的移动长度。再比如，Google 计划微调广告背景颜色，它就会把调整后的方案应用到 0.5% 的用户上面，继而观察调整后点击量是否有显著变化，如果确有显著变化，再进行后续调整。

A/B 测试法并不一定局限在互联网产品上。啄木鸟公司是一家生产生活用品的公司，他们也将 A/B 测试方法引入了新款洁牙工具的研发过程中。在这款新产品中，头部的倾斜角度是一个非常关键的参数，它不仅涉及产品的美观性，更与产品的体验舒适性密切相关。究竟头部弯曲的程度是多少才合适呢？啄木鸟公司采用了 A/B 测试法来回答 [9]。

案例：啄木鸟公司的 A/B 测试

在研发新款洁牙工具时，啄木鸟公司做了 A、B 两种方案，分别对应了两种不同的弯曲程度，如图 4-4 所示。他们的 A/B 测试分为两轮，第一轮在企业内部进行，测试组选了 19 名员工参与，包括 14 名销售人员和 5 名研发人员。在选择时，啄木鸟公司有意提高了销售人员的比重，而非像以往一样完全依赖研发人员的判断，这也是引入"用户探索"这个观念之后所发生的变化。结果方案 B 以超高的票数胜出。

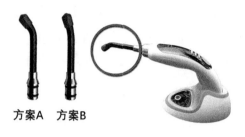

方案A　方案B

图 4-4　洁牙工具的两种方案

继而啄木鸟公司进行了第二轮 A/B 测试。这回他们聘请了 20 名牙医组成了天使用户群。结果 20 名牙医中有 1 人弃权，2 人选择了方案 B，其余 17 人都选择了方案 A。当然，啄木鸟公司最终采用了方案 A，尽管内部测试结果和外部测试结果大相径庭，但由于天使用户是该产品的最终受众，而且他们具有非常大的传播潜力，所以他们最终迎合了天使用户的需要。[9]

• 4.5.2　精益创业

如果说 A/B 测试法仅仅使用用户的占意流帮助工程师进行方案的选择，那么精益创业方法论则是利用占意流的扩散性与创造性来完成整个产品的设计和开发。

精益创业由硅谷创业家埃里克·莱斯（Eric Rise）于 2012 年 8 月在其著作《精益创业》一书中首度提出，它是指导初创企业快速成长的创业理念，也是构想、设计和开发互联网应用产品的科学方法 [5]。

精益创业的核心理念最早可以追溯到软件工程的敏捷开发。有过软件开发经验的人应该了解，其实开发软件最难的是需求分析，因为市场和用户需求始终是在变化的，而你无法满足所有人的需求，需求分析阶段埋下的错误将在后续设计、开发、测试工作中以指数级的方式放大，让程序员们最痛苦的是一次又一次的需求变更，最难过的是开发了没人想用的产品，因此就有了敏捷开发和精益创业的科学方法论。

精益创业有三大法宝，它们分别是"最小可行产品"（Minimum Viable Product，MVP）、"用户反馈"和"快速迭代"。即开发团队通过开发 MVP，用最快、最简明的方式实现一个可用的产品原型，帮助用户解决问题的最小功能集合，快速投放市场让目标用户上手使用，测量用户数据，收集用户反馈，通过快速迭代来修正产品、添加功能、完善细节。[5]

从占意理论的角度来看，产品就相当于河流网络结构，用户的使用和反馈就相当于水流。而快速的迭代过程就相当于水流冲刷河道形成新的流动路径。所以，可以说精益创业的精髓恰恰是利用了占意流的扩散性和创造性。

MVP –"用户反馈" –"快速迭代"的过程并不是一蹴而就的，而是要反复不停地运转下去。我们可以把精益创业每一次 MVP 版本迭代看作产品对市场的最小作用量，有了产品让用户使用，就可以测量得到数据，有了数据就可以分析得到新的认知，认知又会产生新的概念、想法，如此反复循环，并不断最小化反馈循环的总时间。整个循环过程如图 4-5 所示。

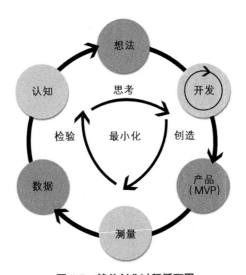

图 4-5　精益创业过程循环图

反馈闭环启动运转，让产品不断迭代，让数据不断生成，让想法不断涌现，而贯穿始终的根本动力就在于大量用户的占意流。

MVP 的载体不需要一个实际的产品原型就能完成一次精益的反馈循环。下面我们看一个 MVP 的经典案例——Dropbox 的视频产品（见图 4-6）。

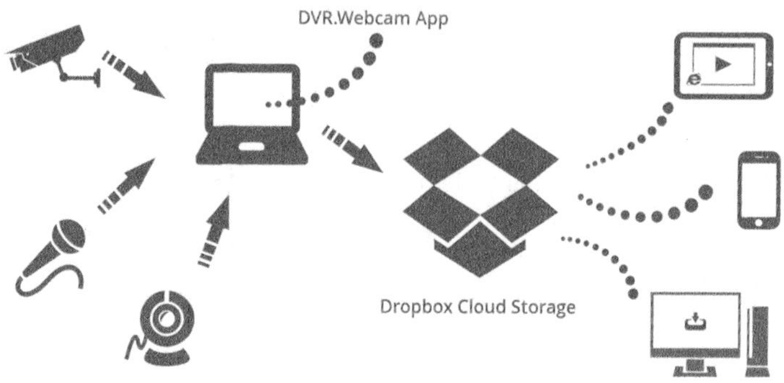

图 4-6 Dropbox 的产品介绍

案例: Dropbox 的最小可行产品

德鲁·休斯顿（Drew Houston）是 Dropbox 的创始人，他想解决移动设备和电脑之间的文件同步云存储问题，这需要一群技术精英共同来整合不同的电脑平台和操作系统: Windows、iOS、Android、云服务等，需要非常专业的技能知识，克服许多技术难关后，才能自如流畅地运行，从而创造出非同凡响的用户体验。

他没有急于砸下大量的成本投入研发，而是出人意料地发布了一段 3 分钟视频，用轻松幽默的极客式旁白，绘声绘色地向科技爱好者介绍了 Dropbox 的产品功能，而此时还没有实际产品——这段视频就是 Dropbox 的最小可行产品（MVP）。这段视频发布后迅速引起了许多网友的兴趣，休斯顿回忆道:"这个视频吸引了几十万人访问我们的网站，产品公测版的名单一下从 5000 人上升到 75 000 人，让我们又惊又喜。"[5] 这就是用户反馈。

这段视频让潜在消费者充分了解到这款产品将如何帮到他们，最终触发消费者付费的意愿，Dropbox 成功验证了产品的价值假设: 用户确实需要他正在开发的产品，在产品还未开发时就成功吸引了许多潜在用户。

一个产品是不是被市场接受，这不是通过闭门造车，而是通过最快地打造出产品原型，投放市场来决定的。也就是说，我们要观察到人们的占意流是否能在产品的信息结构上顺畅地流动、自发地传播起来，从而决定原型产品的好坏。

案例：微信的产品迭代

张小龙带领团队开发出来的微信风靡全球，引领了移动互联网时代的浪潮，在功能和体验上都极具创新，让用户在使用过程中感觉到了流畅。现在微信已经演化成为一个庞大的生态系统，它不仅仅只是单纯的聊天通信工具，而是"一个生活方式"。人们的占意流源源不断地流入微信，在上面进行聊天社交、获取新鲜资讯、游戏购物。庞大的公众号体系、微信支付、微信生活的接入，显示了微信连接一切的野心，甚至想要架空 iOS、Android 操作系统和各类 App，成为互联网新一代操作系统。这款产品不再只是一个工具，而是整个社会和整个世界在手机上的投影，一个可以满足用户社交、情感、自我实现等所有需求的地方。下面我们一起看看微信产品的发展历程 [10]——这是一个典型的迭代、演进的精益创业过程。

微信 1.0 从移动通信工具切入，快速开发，从立项到产品上线仅仅经过了 2 个月，仅有即时短信、分享照片、个人信息等简单功能——这就是微信最开始的MVP。

微信 2.0 从用户在手机上输入内容的便利性出发，将产品重心完全投入到了语音通信工具上，这种快捷的短语音通信迅速让微信有了显著的用户增长，语音贴近耳朵马上改为听筒模式的设计细节让人感到新奇、贴心，许多人开始在网络上和身边人谈论微信。

微信 3.0 是教科书式的经典产品。微信此时已经初步明确了产品方向，依托用户基础，提供了"查看附近的人"和"视频"功能。"查看附近的人"的陌生交友功能，还增加了"摇一摇""漂流瓶"这样极简好玩的人性化功能。这些功能成为了微信的增长爆发点，用户突破 2000 万人大关，产品日新增用户以数十万量级记。

微信 4.0 推出了"朋友圈"功能，以图片为主作为切入点，保持了简单好玩人性化的风格，比如只有互相加为好友关系后才能看到朋友之间的评论状态，朋友圈迅速建立起移动手机上的熟人社交圈。

微信 5.0 后，微信已经基本成型，逐渐放缓了产品功能本身的更新迭代，接入了"游戏中心""微信支付""购物""打车"等商业化功能。[11] 在有了巨大用户量基础后，我们可以看到一些类似于"冲击平原"的效应，战略上指哪打哪无往不利，新的跨界业务功能一经推出都能迅速引起风暴。我们可以隐约观察到微信庞大的生态系统正在逐渐把所有人的注意力、社交、生活都卷入其中。

由此可见，微信的发展历程也是一个精益创业的教科书式的案例。究竟是谁开发了微信？你可以说是张小龙的微信团队，但是从另一个角度说，真正起到决定性作用的还是微信的 5 亿用户，这股庞大的占意流冲入到微信这款小小的 App 之中，就创造出了如此庞大的微信帝国，催生出了如此之多的衍生产品和功能。

4.5.3　自动化创业构想

尽管 A/B 测试法和精益创业方法论已经得到了非常广泛的认可和应用，但是它们的共同缺点是产品的开发和改进过程都不能像 Biomorph 程序那样自动地完成。其中一个很大的麻烦就在于无论是产品创造还是创业，它们都是一个高度复杂的、需要创造性思维的过程。

但是，我们不妨设想，随着人工智能、纳米材料、3D 打印等技术的进一步发展，产品的自动设计将成为可能，至少自动化程度将会越来越高，生命周期也会越来越短。那么，在这种背景下，我们只需要将整个精益创业过程的循环流程自动化，并最终引入用户的占意流作为整个驱动循环不断运转的力量，就可以实现自动化创业过程。

所以，未来整个创业过程都可以交给人工智能来做，而人做的仅仅就是去使用、评价这个产品，奉献出自己宝贵的占意资源。

4.6　从体验到共享

人的意识是一种始终不能停息的流变。只有当下才是最真实的，过去和未来都只能存在于记忆或想象之中。即使我们在回忆过去的时候，我们也是将过去从记忆中调取出来，交给当下那个不变的意识主体去经历。意识的流变就构成了体验。

• 4.6.1　万物流动

互联网产品都是围绕着体验及意识展开的。意识的这种关注当下，永远处于流变之中的特性导致了整个互联网也在逐渐趋向于流变 [10]。

微信中一个个小红点不断地浮起又落下；一条条消息构成了巨流洪川不断地涌向用户眼前；在朋友圈中，一条条新消息跳跃升起，旧的消息缓缓落下，每个消息都仅仅能占据用户的一个小小的时间片段。

实际上这样一种信息展现方式并不适合我们去掌握、记忆具体的知识，它只适合于将我们暴露在新闻洪流之中。然而，由于我们的意识本身也是占意划过的一段经历，所以这种信息呈现方式深受我们的欢迎。

对于人类意识来说，只有当下是实质，未来和过去都变成了一种虚幻的回忆。同样的道理，我们在网上浏览的时候也越来越注重当下，存储和记忆变得渐渐淡化。

如果按照传统的方式，当我们在网上看到了好的文章、好的文件、好的视频都会把它下载到本地机器上，因为这样我们就能得到一种拥有这种东西的感觉。然而，现在我们完全没有必要这样做了。随着云计算、云数据的普及，我们随时随地都可以获得想要的资源。我们在自己桌面上检索一个文件的时间并不比从云上检索更快。所以，实际上，我们并不需要存储、保留任何东西。我们可以按照需求随时随地获得资源。

我们习惯于将知识写到纸上，然后编成一册一册完整的书。然而书籍的信息组织方式已经越来越不适用于当今这个时代了：书上的内容通常不能改变，它有着完整的边界，永远存在着无法囊括的信息。而现在，一切信息都以一种碎片化和超链接的方式织成了一张庞大的网。我们可以通过某一个节点切入这个网络。在我们的眼前，我们看到的就是这样一个碎片化的世界。这些知识和数据源源不断地进入我们的意识世界。

无论是文字、音乐，还是视频，所有的媒体都以一种流的方式存在，它们在互联网上形成了大规模的移动，它们在不断地竞争着我们的意识空间，以获得我们眼前的短暂展现。

对于我们来说，我们获得的不再是实实在在的知识、信息，也不再会拥有什么，我们获得的只有意识在时间中的流动，只有一段段的体验。

• 4.6.2 从拥有到共享

从更广的范围来看，我们整个人类社会正在经历一场史无前例的转型。我们知道，传统工业化社会的一种重要特征就是私有制，也就是说承认物品被私人拥有的这种权利。所以，人们更加强调的是拥有一个事物。然而，由于物质的匮乏和稀缺性，人们开始了零和博弈：你拥有的事物不能再被我拥有。

如果说，体验和经历才是最重要的东西，那么拥有将变得越来越不重要。当我们站在意识主体的角度来说，所谓的"我拥有某个东西"这种所属权只不过就是一种虚假的符号而已。

比如我拥有一辆汽车，但是我并不能每时每刻都去使用它，在大部分的闲置时间里，这辆汽车的拥有权仅仅是一种符号而已。假如这辆车是个精灵，每当我想使用它的时候它就会自动跑到我身边让我体验它，但当我不使用的时候，它就跑出去让别人开，但与此同时它会给我发个消息说它正老老实实地待在我家地库里。那么，对于我来说，我体验到的依然是一种拥有的感觉。

随着人们越来越深地体会到体验和当下的重要性，人们会主动让渡出所有权。这样，整个物质世界就会被松绑，一切东西都可以流动起来被所有人共享。所以，未来社会必然会进入一种共享社会的形态。

不要以为这还很遥远，实际上我们已经进入了这样的共享经济时代。伴随着Uber 和 Airbnb 的横空出世，越来越多的物品被卷入到了共享经济的洪流之中。而且由于每一个物品在共享的时候可以以更高的效率发挥作用，所以新的方式为我们创造出了额外的经济利益，人们会更有动力放弃拥有权而实现共享。

由于我们人类社会在工业化时代沉浸得太久，我们实际上已经习惯了私有制，因此，我们把很多东西都视作了理所当然。然而，恰恰是因为有太多的理所当然，共享经济的改革空间才会很大。

•4.6.3　效率源于何处

共享经济一个无法回避的核心问题是，究竟为什么共享可以产生更大的社会、经济效益呢？我们的答案比较深奥：一旦物品流动起来以后，我们便可以把时间的维度添加到物质世界中，从而扩大表观的社会财富，产生了社会经济效率。为了说明这个观点，让我们来举一个流动的例子，如图 4-7 所示。

图 4-7　传球的例子

考虑 10 个人围成一圈，如图所示。假设每个人的手上都拿着 1 个球。然后我们让每个人在每一秒钟都把自己手中的球传递给他右侧的人，大家齐步进行。可以想象得到，在每一秒钟，每个人拥有 1 个球。

好，接下来，我们让每个人的动作加快。每半秒钟就要把手中的球快速地传递给右侧的人，大家齐步进行。这样，我们就会发现，每个人在同样的 1 秒钟的时间内就会得到两个不同的球。但我们知道，总球数还是 10，物质的总量并没有增加。仅仅是因为球的运动速度加快了，这就会给每个持球的人一个假象：在同样的单位时间内，我会"拥有"两个球，就仿佛物质的总量增加了。

这恰恰就是共享经济会比传统经济更加高效的原因。通过流动加速，我们便可以将时间的维度引入到经济体系中，从而使物质的量能够产生虚假的提高。

总结来看，由于占意、体验在未来世界中将起到越来越重要的作用，所以互联网世界正在逐渐演变为一个流变的系统，数据、文本、语音、视频都处在快速流动之中，以填补每一个用户的意识流。于是，人们将会越来越淡化拥有权的作用，而是更加注重使用和体验。这就导致了共享经济的最终成型。而共享经济最终能够产生巨大的社会经济效益的最主要原因，就在于我们通过流动把时间这个维度加入到了物质世界之中。然而，现在的共享经济还仅仅是一个开始，当我们对放弃拥有权感到越来越自然，当我们希望追求越来越丰富的体验，越来越多的事物将会逐渐加入到共享经济的巨大洪流之中。

4.7 小结

从无处不在的翻转现象，到免费模式、增长黑客，再到社群和精益创业，以及如火如荼的共享经济，我们发现所有这些全新的互联网现象背后都有一条清晰的主线：这就是占意。

本质上讲，占意作为一种新型的流动强势崛起，必然会导致越来越多的翻转现象。而在一个相当长的历史时期内，占意和货币这两种显著的流动会长期共存、耦合交互。这就使互联网公司能够开发出各种各样新鲜有趣的玩法。黑客和创业家们早已经深谙获取流量的方法，利用占意流拉动产品才会获得更高的收益。社群可以将人类的占意流保存下来，这就是为什么越来越多的社群开始兴起的本质原因。通过与普通的粉丝方式和社交网络方式做对比，社群的自组织特性必然成为一种新的占意流发展趋势。占意流可以用来创造东西，这是精益创业、A/B 测试方法背后的重要理念。更大的变革将蕴藏在人们对体验的追求之中。占意的本质属性就在于它的流变特性和聚焦于当下的品质，这种转变还将进一步影响人类整个社会。更有意思的是，也许未来会涌现出类似于资本家的意本家，这可能算是本章给出的一个最有趣的预言吧。

参考文献

[1]　卡尔·马克思. 资本论. 编译局 译. 北京：人民出版社，2004.

[2]　Simon H A. Designing Organizations for an Information-Rich World, in Martin Greenberger, Computers, Communication, and the Public Interest, Baltimore, MD: The Johns Hopkins Press, 1971.

[3]　彼得·蒂尔，布莱克·马斯特斯. 从 0 到 1. 高玉芳 译. 北京：中信出版社，2015.

[4]　范冰 . 增长黑客 . 北京：电子工业出版社，2015.

[5]　埃里克·莱斯 . 精益创业 . 吴彤 译 . 北京：中信出版社，2012.

[6]　http://tech.163.com/13/1228/12/9H6DH3TT000915BF.html

[7]　http://lusongsong.com/info/post/828.html

[8]　http://www.zwgl.com.cn/cn/readinfo.asp?id=696&bid=872&nid=14014

[9]　龚焱 . 精益创业方法论 . 北京：机械工业出版社，2015.

[10]　http://www.huxiu.com/article/2067/1.html

[11]　微信：http://baike.baidu.com/subview/5117297/15145056.htm

第 5 章

众包与人类计算

每一秒钟，太阳公公都会为大地母亲无私奉献出 1.7×10^{17} 焦耳的能量。年复一年的辐射导致地质岩层和大气中储存了大量的能量。进入工业时代后，人们学会了利用这些能量驱动各种人造物为自己服务，包括奔跑的汽车、飞速运算的电脑，以及隆隆发声的机器。能量在光、热、电等不同形式之间转换，沿着人们设计好的链条完成了复杂而漫长的旅程，最终变成热耗散在环境中。

每一天，全世界有大约 40% 的人口（也就是 2.9×10^{9} 人）在使用互联网。这些人将占意无私地奉献给了眼前的屏幕，并促使虚拟世界中的软件发生着进化。无论是庞大的 Windows 系统、优美的 iOS，还是小巧的"连连看"程序，它们无一不是被人类的占意流所"催生和驱动"的。然而，有意思的是，人类对自身占意流的了解与掌握似乎远不如能量流。我们很清楚能量流可以用来做功，甚至可以利用热力学原理估计出能量转化的效率上限。然而，占意流是否也能像能量流那样"做功"呢？

答案是肯定的。在计算机诞生之后，人们其实就已经开始用占意"做功"了，只不过，占意输出的并不是能量，而是计算机中的"信息"。

5.1　占意做功

仔细思考就会发现，人类写软件的过程就是一个将占意转化为信息的过程。然而，在大多数情况下，我们总是要花费大量的金钱和精力来组织、策划大规模软件的创作。占意转化为信息的过程并不是自发形成的，而是需要一种自上而下的组织力量。因此，我们会认为是货币、组织管理催生出这些信息的。

然而，诞生于 20 世纪 80 年代的开源软件运动却告诉我们不需要严密的规划和组织，只要有大量程序员能够将自己高品质的占意放到同一件事上，他们就能够创造奇迹。从 Linux、FreeBSD 软件，到现在异常繁荣的各类开源平台，如今这些开源软件已经演化成为了一个堪与商业软件相媲美的力量。它们是程序员通过消耗占意而产出的产物。撰写软件显然需要更高品质的占意。那么较低品质的占意是否也能够输出功呢？答案是肯定的。

比如，我们在第 1 章介绍的 Biomorph（"生物变形"）小程序，玩家参与者不断地点击自己喜欢的生物体图形，就会迫使它们朝向玩家喜欢的方向不断演化。所以，这种点击流最后就能创造出让玩家欣赏的图形，这就是一种"信息结构"。

Biomorph 是一个简单游戏，而美国新墨西哥州立大学的维克托·S. 约翰斯顿（Victor S. Johnston）教授开发了一个人类面孔生成的程序（如图 5-1 所示），将这个占意创造信息的过程实用化了。在人类点击的作用之下，面孔会像 Biomorph 那样不断演化，得到我们要找的面孔 [1]。该程序被洛杉矶警方用于辅助目击者寻找杀人凶手。

首先，约翰斯顿等人将成千上万张人脸进行编码。他们用一个基因编码鼻子的形状，一个基因编码眼睛的大小，再用另一个基因编码额头的宽度等。总之，任意给定一串编码就可以对应一张特定的人脸。之后，与 Biomorph 程序一样，计算机随机地选择一串编码就能在屏幕上生成一系列人脸，并让人进行选择。

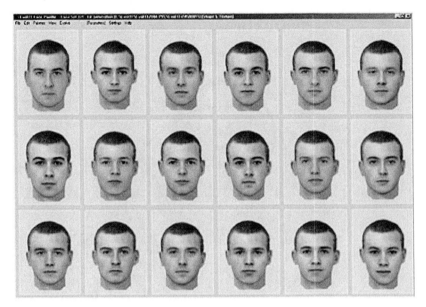

图 5-1 人脸生成程序

不过，玩这个程序的人不是普通用户，而是凶杀案目击者。他（她）需要选择一张最像罪犯的脸，而不是一张看起来最好看的脸。人们通常不知道如何描述罪犯的面部特征，但却可以轻松地识别出哪一张脸更像凶手。于是，只要目击者在电脑屏幕前不停地点选那些更像罪犯的脸孔，它就会一点点地把真正的罪犯面孔进化出来。洛杉矶警方真的利用这个程序帮助目击者寻找到了杀人凶手。[1]

慢慢地，这套方法形成了一个特殊的学科叫作**交互式进化计算**，目前它已被广泛地应用到了图形图像处理、语言和声音处理、工业和艺术设计等领域。

从点击鼠标到敲入代码，不同的用户行为需要消耗不同品质的占意资源。从交互式进化计算，到开源软件，它们都是用户占意资源"做功"的结果。

如今，用户"做功"产生出信息结构已经演化成为一个庞大的家族。人们起了不同的名字来概括这一快速增长的新兴领域：包括众包、人类计算、社会计算、群体智能等，它们都是人类占意"做功"的不同表现形式。

马里兰大学人类计算实验室的亚力山大·J.奎因（Alexander J. Quinn）和本杰明·B.贝德森（Benjamin B. Bederson）曾于 2011 年撰文 [2] 将这些占

意"做功"的方法进行了统一的分类，并对每一个分类进行了论述和比较，如图 5-2 所示。

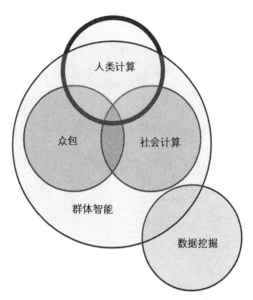

图 5-2 与人相关的若干领域相互交叉、覆盖图

图中，每一个圆圈都表示一个独立的领域，圆圈之间的交叠则表示了两个领域互相重叠的部分。下面我们就对这张图中的每一个领域进行简短说明，重点在于比较不同领域之间的区别和联系。

- **众包**（crowdsourcing）是由杰夫・豪（Jeff Howe）和马克・罗宾森（Mark Robinson）于 2006 年在《连线》（*Wired*）杂志提出来的一个新词，它从外包（outsourcing）的概念扩展出来，主要指把那些传统的由一个人或一个公司完成的工作利用互联网外包给一大群人的做法。

- **人类计算**（human computation）是路易斯・冯・安（Luis von Ahn）于 2005 年在博士论文中提出来的一个概念，主要目的是通过互联网和其他技术手段，将人的智力组织控制起来，用于解决计算机尚无法求解的问题。

- **社会计算**（social computation），则是指那些有助于帮助人们完成集体行动和社会交互、信息交换以及知识聚集的应用与服务。我们熟悉的博客、微博、

Wiki、在线交互社区等都属于社会计算的范畴。相比较人类计算和众包，社会计算更加没有目的性，也不用完成指定的任务。但是，社会计算可以促进人与人之间的社会交互，这是它唯一的目的。

- **群体智能**（collective intelligence），是指一大群个体集合在一起做出一些看起来具有智能表现的行为。群体智能并不一定限制在人上面，而是一个泛化的系统科学概念。比如，蚂蚁群体可以通过简单的交流与互动而找到食物，并沿着一条最短的路把食物搬运回家。所以，群体智能是一个更大的概念，并不限于人类的占意"做功"，但是很显然，互联网上的集体注意力也属于群体智能的一种。

- **数据挖掘**（data mining），是一种从海量的数据中挖掘出一些有价值的信息和知识的技术手段。第 2 章介绍的推荐算法和用户数据分析就是典型的数据挖掘。这种将人的占意转化为信息结构的模式与其他技术最大的区别就在于，它需要先用数据记录下人类的行为轨迹，第二步才是从记录的数据中挖掘出知识，所以它是一种间接的占意"做功"。而众包与人类计算则是直接将人的占意转化为信息结构，而且大多都是实时进行的。

下面我们将重点介绍众包和人类计算这两种方式，通过一系列具体的实例来介绍如何利用巧妙的设计将占意转化为信息结构。

5.2　众包

"众包"（crowdsourcing）这个词最早是由《连线》（*Wired*）杂志的编辑杰夫·豪和马克·罗宾森于 2006 年提出的。可以看出，它刻意地沿袭了企业传统的外包（outsourcing）以及软件业的开源（open source）的构词形式。

所谓众包，就是指通过分解一项复杂任务为碎片化的小任务，借助互联网社区而不是传统的公司雇员将它们分发给大众，从而获得服务、创意或内容的组织方式。与外包相比，众包更加强调将任务包给大众，而不是别的企业；与开源相比，众包更强调非软件行业的开源工作方式；与人类计算相比，它更强调大众的集体力量。

另外，我国学者刘锋于 2005 年提出了"威客"的概念。威客模式是指能够把知识、智慧、经验、技能通过互联网转换成实际收益，从而达到各取所需的互联网新模式。此概念与众包也有很多相似、重叠的地方。

• 5.2.1 众包的案例

开源、分享、大众参与的众包工作方式，一经提出就受到了各个行业的大力推崇。现如今，众包已经遍布我们社会生活中的每一个角落。下面，让我们来看一些众包的例子。

1. Clickworkers

Clickworkers（点击工人）是最早的众包项目之一，通过大量用户的点击，Clickworkers 可以帮助科学家分析火星图像。科学家们为了寻找水存在于火星的证据，需要在卫星图像上识别和测量地貌，比如环形山、山脊、峡谷等，这是一项乏味冗长的工作，需要雇用大量的人力才能完成。行星地质学家弗吉尼亚·古立克（Virginia Gulick）和 NASA（美国国家航空航天局）的软件工程师鲍勃·凯恩斯基（Bob Kanefsky）突发奇想，希望将开源软件的思想用到火星图像分析上，将这些任务放在网上，并"外包"给大众来做。但是，凯恩斯基很快又有了退却的念头："这些大众能分辨出新的环形山和退化的环形山的差别吗？这对于未经训练的人来说的确是个不小的挑战。"[3]

不过，总归要试一试，于是他们决定先做一个试验来测试一下大众的能力。他们将古立克已经识别、测量和分类好的一共 8.8 万幅火星图片拿出来交给大众，让他们再次识别、分类。由于已经有了标准答案，他们就可以检测大众的能力。NASA 将这个资料库发布到了网上，让那些时刻关注网站的业余天文学家帮助专家来分析图像。他们将这个项目命名为"Clickworkers"（点击工人）。令人吃惊的是，不到一个月，上千名参与者就成功分析了资料库里面的所有图像。大众得到结果的速度比专业人士的速度更快，同时准确度又相当地高——所有的分析结果都与标准答案极其匹配。这让古立克和凯恩斯基兴奋不已。2001 年，NASA 重启了 Clickworkers 计划，但这次是动真格的了。志愿者们负责的工作是从美国火星勘察器上传回的上千幅高清图像分析地貌。每个人每天花费 10 分钟的事却帮了古立克的大忙。他们为科学研究做出了真正的贡献 [3]。

2. 搜寻马航 MH370

2014 年 3 月 8 日凌晨，马来西亚航空公司由吉隆坡飞往北京的 MH370 航班起飞后不久就与地面失去联系，机上 239 名乘客下落不明 [4]。这一事件迅速引起了世界各国的广泛关注，搜救行动也随即展开。例如，美国 DigitalGlobe 公司调动了旗下所有的 5 颗卫星对失事海域进行拍摄。这 5 颗卫星每天可以采集 300 万平方公里的高分辨率影像 [5]。然而接下来的问题就是，这么多高清晰卫星图片该由谁分析呢？答案是：众包！

Tomnod 是 DigitalGlobe 公司于 2013 年收购的一家致力于众包的团队，与 Clickworkers 类似，Tomnod 借助众包的力量实现对遥感影像的分析。在马航事件之前，DigitalGlobe 公司曾使用 Tomnod 平台利用众包的力量成功搜寻帆船"妮娜号"，标注台风海燕袭击菲律宾期间受损的建筑民宅等。3 月 11 日，在 Tomnod 页面上开设马航 MH370 失联客机专题页。如图 5-3 所示，在该页面上，事故海域的影像被分割成数个方块并编号，访问者可以通过对某个编号影像的标记，表述自己的判读结果，如标记海面油膜的发现、飞机残骸的发现等。然后 Tomnod 会通过后台对同一区域多个用户的判读结果进行统计分析，一旦足够多的人标记同一个影像，Tomnod 专业团队将会审查确认，并统计排在前十位左右的最为可疑的地区，并与有关政府机构共享信息。随着更多信息的出现和搜索半径的扩大，网站也会及时更新影像数据。[4]

据 Tomnod 众包平台提供的统计数据，在页面开放的第一天，至少 60 万人登录网站排查图片，累计点击量超过 650 万次。截至 2014 年 3 月 14 日，该网站吸引了 300 多万人，对 290 多万个特征点进行了标记。上传的卫星图片获得超过 2 亿 5 千万的浏览，平均每个像素点被肉眼至少检查过 30 次。截至 3 月 19 日，Tomnod 众包平台注册用户几近翻倍抵达 48.5 万人，地图阅读量翻了 3 倍，超过 4.8 亿次，众包参与者人数则达到了 630 万。[4] 此外，访问者还可以通过右下方的"Share this Map"来分享该区域的影像到社交平台或者发送给朋友，来共同分析探讨，为搜寻线索贡献力量。

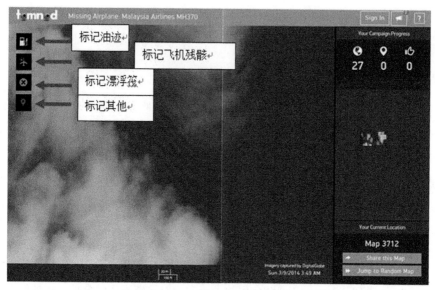

图 5-3　Tomnod 平台利用众包的力量搜寻马航 MH370 失联客机

尽管这个众包项目最终并没有找到失踪的 MH370，但是它无疑向我们展示了大众注意力的威力。

3. 红气球挑战赛

2009 年 12 月 5 日，美国国防先进研究项目局（DARPA，互联网的早期诞生地）为了纪念互联网诞生 40 周年，举办了一场别开生面的比赛。这个比赛要求参赛队要在尽可能短的时间内寻找到散落在美国各地的 10 个红色气球（如图 5-4 所示）。参赛队可以通过众包的方式，将任务分配下去，并要求找到红色气球的人上报他们的位置结果。第一个找到全部 10 个气球的团队获胜，并会得到 40 000 美元的奖励。该比赛的目的就是要测试人们通过互联网组织大量群体以及各种社会资源解决搜寻问题的能力。[6]

最终，来自 MIT 的研究团队 "Red Balloon Challenge Team" 在仅耗时 8 小时 52 分 41 秒的情况下，找出了全部 10 只气球的地点，赢得了 4 万美元的奖金。值得一提的是，MIT 团队在开赛前几天才得知该项挑战赛。他们采用了一种递归激励的方式将参与者的利益与赢得比赛这一目标紧密地结合了起来，如图 5-5 所示。具体来讲，他们的方法如下：对于每个气球，他们承诺，奖励第一个告知这个气球地点的人 2000 美元，奖励把找到气球的人邀请加入团队的人 1000 美元，然后奖励前面这个邀请人的邀请人 500 美元，以此类推。剩余的奖金将被捐赠给慈善机构。就是通过这种方式，他们在短时间内构建了一个庞大的社会网络。

图 5-4　10 个红气球在美国本土分布的位置

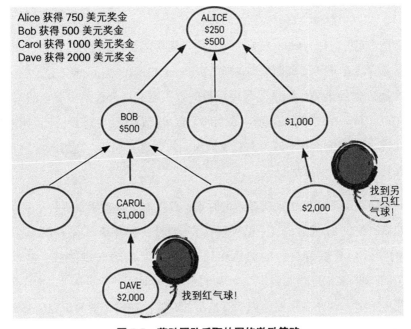

图 5-5　获胜团队采取的网络激励策略

为了辨别可能出现的故意误导地点（实际上也确实发生了，有些参赛团队甚至故意采取这个策略以扰乱其他团队），他们制定了两个策略：第一，观察气球提交地点模式——故意误导通常都局限在同一个地点；第二，比较气球地址和报告人的 IP 所在地址——不一致可以判定为误导。

据赛后 MIT 团队统计，他们的递归激励方式构筑的邀请链条最长达 15 个人，扩散团队信息的推文有 1/3 来自美国本土以外，共计有 5000 多名参与者，其中包括一些美国本土以外的人，而且平均每名参与者又将他们团队的信息通知了 400 名朋友，总计大约有 200 万人帮助他们寻找红气球。[6] 在如此仓促的准备时间下能取得巨大成功，不得不说，这真的是一个了不起的奇迹！

4. PolyMath 项目

从 Clickworkers 到搜寻马航，再到红气球挑战赛，所有这些众包项目的普遍特征是，它们都是由一系列很小而且彼此独立的任务组成的，我们可以将这些微任务分发给网上的大众。但是，显然还有很多的任务并不具备这种特征，任务的完成需要一个阶段一个阶段地进行，例如数学定理的证明。众包方法是否也适用于这类问题呢？

答案是肯定的，PolyMath 就是一个致力于用众包方法进行数学定理证明的项目。2009 年，数学家威廉·蒂莫西·高尔斯（William Timothy Gowers）在他的博客上发起了一个不寻常的试验，他试图利用众包的方式完成组合数学中著名的 DHJ（the density Hales-Jewett）定理的证明。在当时，数学家们已经找到了一个证明方法，但这个方法冗余而乏味，并不能为人们提供深刻的洞察。于是，高尔斯希望通过众包的方式找到全新的证明方法 [7]。

在高尔斯刚刚发布这个证明邀请的时候，仅仅有少数数学家进行了一些简短的评论。然而，仅仅 37 天后，这个帖子就有了 800 个重要评论。就这样，全球各地的数学家们零散地贡献着自己的想法和评论。3 个月的时间过去后，高尔斯发现 PolyMath 的参与者们已经找到了一个特例的证明，而这个证明是可以推广到整个定理的。此后不久，就在高尔斯他们撰写论文的时候，加州大学的研究生蒂姆·奥斯丁（Tim Austin）就宣称在 PolyMath 重要思想的影响下，他自己也独立地找到了另一种新的 DHJ 定理证明方法。

与以往的数学问题求解不同，PolyMath 项目并没事先进行任务分配和层级化管理，而且整个证明全部是公开透明的，这在人类科学历史上还是第一次，也是有史以来第一次利用众包方式求解这么难的问题。

• 5.2.2 众包的有效性

读到这里，你也许已经领略了大众的力量和众包的神奇功效。然而，一个不可忽略的事实是，现实世界中，可能 90% 以上的众包项目都会以失败告终，而我们津津乐道的往往是那剩下的 10% 的成功个案。就拿百科全书来说，早在维基百科之前就有大量的互联网百科全书项目泡汤了。那么，我们自然会问这样一个问题：保证一个众包项目成功的关键是什么呢？

首先，可以肯定的是，任何一个众包项目都需要一定数量的持续参与人数。参与人数超过了某个临界阈值，该众包项目就有可能成功；否则就会以很大的概率失败。

其次，参与的大众必须要自发形成一定的组织结构，才有可能应付非常复杂的众包任务。例如，在维基百科的编辑过程中，贡献者会形成管理员、编辑和普通贡献者等不同角色。这种组织结构并不是由发起者事先设计好的，而是在成员互动中自发形成的，他们自发构成了一个社群。前面我们已经提到过，社群是通过占意之间的反馈交换，而将用户黏住，将占意保持下来的重要手段。同时，它也是保证集体占意产生高质量的信息结构的必要方式。

如果我们用能量流来比喻占意流，用生物体来比喻各种众包组织或信息结构，那么我们便可以借鉴生物界的优胜劣汰法则来理解众包项目的得失成败。生态学家霍华德·托马斯·奥德姆（Howard Thomas Odum）曾经以一个模型生态系统（如图 5-6 所示）来阐明能量流动与生物自然选择的关系 [8]。

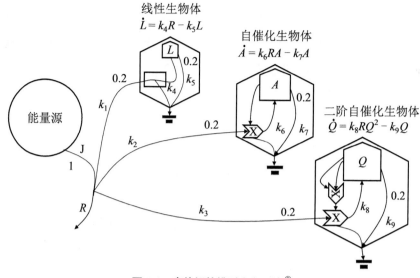

图 5-6　奥德姆的模型生态系统[①]

让我们考虑三种不同复杂度级别的生物体，它们都从同一个能量源（如太阳）摄取能量。这三种生物体的内部有着完全不同的能量流循环路径，第一种生物体（L）能量流是一条简单的通路；第二种生物体（A）在内部会形成能量流的反馈，当能量注入体内的时候，它会反过来"调控"该生物体从源头获取能量的能力；第三种生物体（Q）则会形成更加复杂的反馈模式，它对能量捕获的"调控"能力会更强。图中的方程描述了这三种生物体的能量流动态。

下面，我们考虑将这三种生物体同时放入同样的环境中，来考察它们各自的生存能力。第一种环境是从能量源流入的能量很小。根据模型中的能量流动力学法则，第一种生物体会竞争得到更多的能量；在第二种环境下，源头的能量流稍大，则第二种具有反馈能力的生物体会具有更强的竞争优势；在第三种环境下，源头的能量流很大，则第三种生物体具有明显的竞争优势，如图 5-7 左侧所示。右侧展示的是有机生物体获取环境资源的比例。我们发现，随着可用能量流的提高，生态系统对输入能量的利用率也会显著地提高。

---

① 图中，L、A、Q 分别代表线性生物体、自催化生物体、二阶自催化生物体。k_1, …, k_9 为常数，J 为源流入的能量。

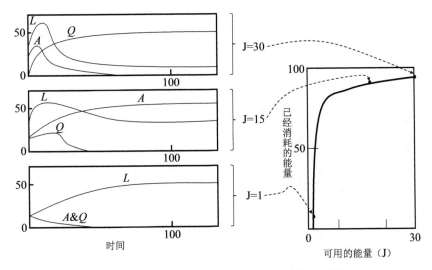

图 5-7　生态系统的演化（图 5-6 中 3 个不同方程的模拟结果）

也就是说，不同规模的能量流注入会创造出不同的生态环境。有的生态环境更适合简单生物体的生存，而有的生态环境则更适合复杂生物体的生存。

让我们再来思考占意流。参与众包的占意流就可以比喻成注入到生态系统中的能量流。当我们希望用众包方法完成任务的时候，就需要具有一定复杂结构的生态系统。于是，占意流的注入就必须要达到一定的规模才能催生出复杂的结构。这些占意就会在整个系统的流动过程中自发形成各种各样的反馈环，从而将占意流进行正确的引导、优化，这才有可能保证众包任务能够被高质量地完成。

5.3　人类计算与游戏化

众包是一种将大众的占意利用起来以创造有意义的信息结构的重要方法。但是这种方法往往比较直接。也就是说，项目的发起人会把要求大众完成的任务直接发布出来让他们参与。然而，这不是唯一的利用占意"做功"的方式，人类计算就是一种更加巧妙，间接利用占意"做功"的方式。

在正式介绍人类计算之前，我们先来看一个借用人的体力来做功的有趣项目：PlayPump[9]。这是南非的 Roundabout Outdoor 公司为某小镇量身定做的一款好玩的游戏。如图 5-8 所示，一群小孩正在玩一个旋转扶手。但其实，这是一个水泵，人力会将地下水抽出来，然后运输到村子里，供人们使用。当然这个例子传递的是水这个物质，而不是算力。

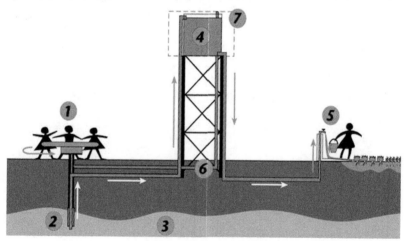

图 5-8　PlayPump 游戏示意图

在这个例子中，人提供原始的能量。而这些能量会将水转移到村子中去。与此类似，在人类计算中，人付出的不再是体力，而是占意和脑力。机器传递的则是人类的计算能力。

• 5.3.1　人类计算案例

下面，我们就来看几个典型的人类计算案例。

1. reCAPTCHA

路易斯·冯·安是卡耐基梅隆大学的一位计算机科学家。早在 2000 年的时候，他与曼纽尔·布卢姆（Manuel Blum）就合伙开发了一款名为 CAPTCHA 的程序，用于在用户登录网站的时候识别他是人还是爬虫程序[10]。

到了 2007 年的时候，Google 正在做一个大项目：将美国各大图书馆中的藏书全部电子化。在这个过程中，有一个关键步骤就是将扫描的图书图片自动识别成计算机可以处理的字符，这就是工业界所说的 OCR（Optical Character Recognition，光学字符识别）问题。在当时，OCR 的识别准确率非常低，充其量仅仅能达到 83.5% 的水平。在这种水平下，文章读起来会感觉错字连篇。为了提升那剩下的 16.5% 的准确率，Google 需要花费大量的资金雇用工人劳力来对未识别字符进行修改，这既没有效率，又浪费了大量成本。

于是，正在 Google 实习的路易斯·冯·安想到，为什么不将以前的 CAPTCHA 项目和这个 OCR 问题联系起来呢？我们知道，当人们使用电子邮件或者其他网络应用的时候，会经常被要求输入验证码，以证明用户是一个真正的人而不是一段电脑程序。CAPTCHA 程序就是根据特定的算法将已知的单词故意扭曲让用户识别的。于是，每一分钟都有成千上万的人将他（她）的占意花在了这个刻意的字符识别任务之中。可是，这样大量的人力事实上都被浪费了啊！冯·安想，我们为什么不让用户直接识别那些 OCR 软件识别不出来的字符呢？这就是 reCAPTCHA 程序的由来。

在 reCAPTCHA 中，网站给用户的信息将包括两张图（如图 5-9 所示），一张图是 CAPTCHA 程序生成的扭曲的字符（图中的 overlooks），以辨别用户是人而不是程序；另一张图则展示了 OCR 无法识别的书籍中的字符（图中的 morning）。

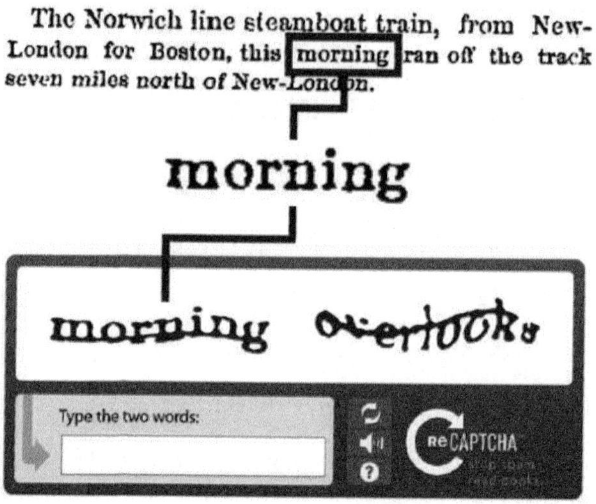

图 5-9　reCAPTCHA 系统示意图

　　用户需要同时输入这两个词才能通过网站的测试。第一个单词（overlooks）验证他（她）是人而不是程序，第二个单词（morning）则要求用户给出单词识别的输入。为了避免恶意破坏和不准确的输入，reCAPTCHA 采用了一种交叉验证的方法。也就是，只有当 3 个以上用户识别的答案完全一致的时候，系统才接纳答案。

　　最后，由于 Google 拥有庞大的占意资源，当它采用了 reCAPTCHA 程序后，Google 就可以以平均每天 160 本的速度完成图书自动校对的工作，其准确率从原来的 83.5% 上升到了后来的 99.1%。更关键的是，在整个校对过程中，Google 没有花一分钱。后来，冯·安将这一项目总结为一篇论文发表在《科学》杂志上。在文章结尾处，他感叹道："'浪费的人力'是可以被我们利用起来以解决那些计算机很难求解的问题的。"[11]

　　目前，reCAPTCHA 程序又有了新的形式。如图 5-10 所示，系统要求用户从 9 张较为模糊的照片中选出特定类型的照片出来，比如有路标或有门牌的照片。我们猜想，reCAPTCHA 很有可能正在背后用这些照片以及用户输入的大量数据训练一个神经网络，用以帮助 Google 解决汽车自动驾驶技术中的图片识别问题。

图 5-10　新 reCAPTCHA 示意图

冯·安将这一让人辅助计算机进行问题求解的方法概括称为人类计算（human computation）。除了 reCAPTCHA 这个比较有名的人类计算实例外，冯·安还设计、开发了各种人类计算系统，它们大多是通过让用户玩一个游戏，从而使得玩家可以在贡献自己占意的同时，不知不觉地帮助系统解决实际的问题。冯·安将这种用游戏作为激励手段的人类计算叫作"有目的的游戏"（game with purpose）[12]。下面，让我们来看几个例子。

2. Verbosity

Verbosity 就是一个利用游戏的方式解决语义网络构建问题的人类计算系统，它可以帮助计算机更好地理解世界[13]。比如，我要建立一个笔记本电脑（laptop）这个概念的知识，会让两个玩家一起玩这个游戏，他们在不知不觉中就会完成知识的输入。具体玩法是，计算机在玩家 A 的屏幕上打出 laptop 这个词（如图 5-11 所示），并要求 A 用一些标准的语句描述 laptop，比如 A 会说它包含一个键盘、或者拥有一块屏幕等。与此同时，在玩家 B 的电脑上，B 不能看到 laptop 这个原始词，但却可以看到 A 输入的那些描述 laptop 的词。于是 B 开始尽自己的最大努力猜玩家 A 看到的原始词是什么。最后，直到 B 猜出来那是 laptop，这一轮游戏结束，系统会根据时间的长短给两个玩家增加分数。而在 A 和 B 共同娱乐的同时，系统已经收集了大量关于 laptop 的语义知识，至少系统已经知道笔记本电脑包含键盘和屏幕了。

图 5-11　Verbosity 系统界面示意图

3. Matchin

Matchin 也是利用玩家玩游戏来给图像的美丽程度打分 [14]。游戏一开始，玩家 A 和 B 的屏幕上都会同时出现两张不同的图（如图 5-12 所示），系统要求每个玩家都选出一张对手觉得更美的图出来。为什么选对手觉得更美的图，而不是你认为更美的图？这是因为这样可以迫使玩家放弃自身的审美而尽量采用大众审美来判断以达到一定的客观性。于是，当两个人在尽量短的时间内投票出了一致的结果后（在两张照片中选出了同一张照片），游戏给双方加分并进入下一轮。就这样，系统随机地从图片库中抽取两两的图片对让玩家做比较，从而给所有的图片打分排序。结果，通过这种方法，系统真的能找出非常美丽的图片，如图 5-13 所示。也就是说，Matchin 系统通过游戏的方式把人类内心对美的感受揭示了出来。

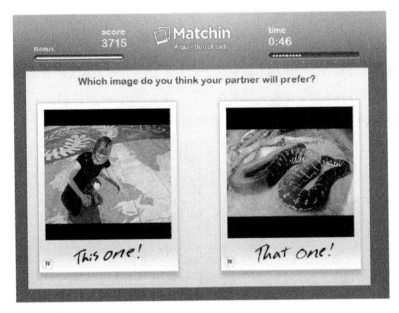

图 5-12　Matchin 系统界面示意

图 5-13　Matchin 游戏选出来的最美的图片

4. ESP

ESP[15] 也是一个两个人玩的游戏。如图 5-14 所示，两个玩家在看到同样一张图片后，他们一起输入一些单词来描述这张图片，直到两个人输入的单词一模一样了为止，两个人各自加分。最后，玩家得到了娱乐，系统得到了一堆图片的标签。这些图片标签会对日后图片检索、分类、理解有着巨大的帮助作用。

Player 1 guesses: purse
Player 1 guesses: bag
Player 1 guesses: brown

Success! Agreement on "purse"

Player 2 guesses: handbag

Player 2 guesses: purse
Success! Agreement on "purse"

图 5-14　ESP 游戏界面

总之，人类计算强调的是利用人的特殊优势来完成一些计算机无法很好完成的任务。说白了，也就是把人当作机器来使用。但是，人毕竟是人，没有人愿意白白付出劳动力。于是我们必须为人提供激励的手段，而游戏所带来的趣味性是最有效的激励。因此，游戏化（gamification）在这类人类计算系统中是一种常用的方法。

运用游戏化手段调动人类的占意资源是一种有效的方法，它不仅局限在计算机科学领域，还可以解决生物学中的难题。下面，就让我们来看一些生物学上的例子。

5. Foldit

Foldit 是一个游戏化的人类计算项目，玩家通过玩一个三维游戏来帮助科学家求解生物学的艰深问题：蛋白质折叠。

众所周知，蛋白质分子是生命活动的主要承担者。它可以被看作一个由氨基酸构成的链状结构，可以在三维空间中进行各种扭曲、折叠，最终形成蛋白质的空间结构。在真实生物体中，这些结构都是以一种能量最小的形式存在的。对于工程技术人员来说，要找到这种最小能量状态非常困难，但是却很有意义，因为它与生物制药、疾病治疗等问题有密切关系。我们把如何找到能量最小折叠状态的问题称作"蛋白质折叠"问题。

目前，生物学家已经积累了有关氨基酸序列的大量数据，但蛋白质结构的测定仍然是一个费钱、费时、费力的问题。从"序列"直接预测蛋白质的"结构"是结构生物学问题中的"圣杯"。在生物体内，一个蛋白质的折叠大概只需要花费微秒量级的时间，但相应问题的计算机求解却非常困难。显然蛋白质的折叠不可能通过枚举来决定，因为整条链可能的结构也是随着链长的增加而指数上升的。这在生物学上称为"利文索尔佯谬"（Levinthal's paradox）。

为了求解蛋白质折叠问题，科学家们开发出了大量具有启发意义的人工智能算法，但是由于计算机不具备丰富的空间想象能力，因此给出的解始终存在一定的缺陷。于是，有人就想到为何不让人来帮助计算机求解呢？因为人具有丰富的空间思维能力。

这就是蛋白质折叠游戏 Foldit（https://fold.it/portal/）诞生的历史背景[16]。这个游戏是由华盛顿大学计算机系游戏科学中心和生物化学系共同开发的，项目的领导人是蛋白质领域著名的领军人物戴维·贝克（David Baker）。与传统的方案不同，Foldit 并非利用计算机资源，而是希望搜集和利用用户的"占意资源"。通过这个游戏，他们就可以将以计算机为主体的计算转换成为以人为主体的"分布式思考"。

图 5-15 是 Foldit 游戏的一个截图画面，画面正中显示的即为一个蛋白质分子的结构。其中：

(1) 画面的左上角显示的是目前正在对蛋白质结构模型进行的操作；

(2) 中上部显示的是游戏玩家的得分和排名；

(3) 右上角显示的是与此同时在玩游戏的其他玩家的用户名和得分情况；

(4) 在一些简单的例子中，左侧中部还提供了基本教程；

(5) 左侧下方提供了一些工具，玩家通过这些工具不断调整蛋白质的结构，包括主链结构、侧链结构、增加或者去掉一些约束等；

(6) 游戏画面的右下角还有玩家之间互动的聊天工具。

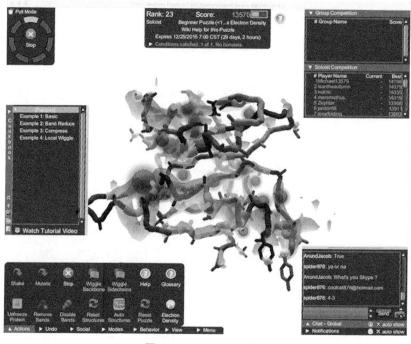

图 5-15　Foldit 游戏截图

通过加入大量的游戏化元素，例如友善的界面、流畅的用户体验、趣味性的闯关积分过程以及社会化分享元素，Foldit 成功地吸引了大量的互联网用户，其中当然不乏擅长蛋白质折叠问题的专家以及空间思维能力的高手。在 Foldit 游戏中，发生"撞击"（clash）实际上对应物理学上的排斥相互作用；而存在"空腔"（voids）则说明这一蛋白质结构还没有被最紧密地堆积，能量仍然有继续下降的余地；而"摇一摇"（wiggle）操作则对应随机化操作；"拧一拧"（tweak）则对应于调整蛋白质特定的二级结构中的氢键连接情况，而蛋白质的能量极小化（和相应的"评分函数"）则用玩家在游戏中的"得分"来展示。游戏中的"撞击""空腔""摇一摇"和"拧一拧"等操作都可以帮助用户形成有效的直觉，而"得分"的变化又能让玩家产生即时的反馈，并产生与其他玩家竞争的想法。[16]

Foldit 通过大众的智慧有效地解决了一些具体的蛋白质结构预测的问题。例如，2011 年，《自然》杂志的《结构和分子生物学》子刊就发表了一个 Foldit 玩家所解决的困难问题，他们仅用了 10 天时间就成功破解了一种猴类艾滋病毒的猴子逆转录酶

（M-PMV）结构，而该问题却已经长期困扰分子生物学家多年。另一方面，在优秀玩家游戏的同时，他们的所有行为数据也被系统记录了下来，这些数据将可以进一步来帮助计算机科学家优化算法，从而提升机器智能。[17]

事实上，想到人类计算这样的想法并不困难，而收集用户的大数据更是现在任何互联网产品都会做的事情，真正困难的问题在于：(1) 要让用户对解决相应的问题产生足够的兴趣，甚至"沉浸"其中；(2) 要让问题能与玩家的直觉建立起联系。如果让用户只是抽象地去实现氨基酸接触对的组合优化问题，显然不能让缺乏生物化学知识的玩家产生兴趣。因此，在把科学问题"游戏化"的过程中，很重要的一点就是要把复杂的科学概念和方法尽可能转换为玩家仅凭直觉和视觉交互就能理解的简单操作。

6. Phylo

在生命科学领域，还有大量类似 Foldit 的游戏。例如，Phylo 是一个 DNA 序列比对的游戏。序列比对是生物信息学和基因组学中的基本问题，因为它可以定量揭示生物之间的进化先后顺序，同时，随着基因组测序的价格变得越来越低，人们越来越关心生物在进化或遗传中的关键突变，而正是这些突变导致了一些重要的蛋白质结构和功能的巨大差异，有的很可能与我们的疾病有关。如图 5-16 所示，在 Phylo 游戏的官网① 首页上，人们列出了序列比对可能起到重要帮助的几类重大疾病类型：心脏和肌肉疾病、癌症、代谢相关疾病、消化和呼吸系统疾病、血液和免疫系统疾病、大脑和神经系统疾病、传染性疾病和其他疾病。在序列比对方面，虽然有着大量成熟的算法，但这些算法并不能真正完美地解决多序列比对的问题。在解决这类问题时，人类的直觉可能更加有效。在游戏中，4 个不同的色块代表了 4 种构成 DNA 的核苷酸，通过调整这些色块的排列，玩家就可以很轻松愉悦地按照自己心中的标准来匹配多条同源的序列。

---

① 官网：http://phylo.cs.mcgill.ca/。

图 5-16　Phylo 游戏界面

7. Cell Slider

Cell Slider[①] 是一款让玩家过一把医生瘾的游戏。由于人类对图像的敏感和准确的模式识别能力，因此只要眼力足够好，我们每个人都可以成为病理学分析的专家。Cell Slider 的所有数据均来自英国癌症研究中心，玩家需要在大量活检的数字影像中准确地区分血细胞、正常组织细胞和癌细胞，在此基础上，可以对大量的乳腺癌样本进行分类。这个游戏项目的负责人汉纳·凯尔兰德（Hannah Kearland）曾经在采访中提到："这款游戏的成功说明普通大众对病理学数据分析的准确性不亚于研究人员——事实上，他们的速度要比专家还快出 6 倍。"[18]

8. EyeWire

EyeWire 则是一款让每个人都能成为神经科学专家的游戏[19]。一个玩家进入游戏后就会在一个立方空间中通过拉伸神经元来重构神经元的分支。图 5-17 是

---

① 官网：http://www.cellslider.net/。

EyeWire 游戏的一个截图，可以看到，右侧有一个神经元截面的黑白图像。用户将学着沿着一个灰色的神经元分支的轮廓染色，这些分支通畅贯穿整个立方空间。用户的工作可以重构整个神经元，一个分支一个分支地进行。

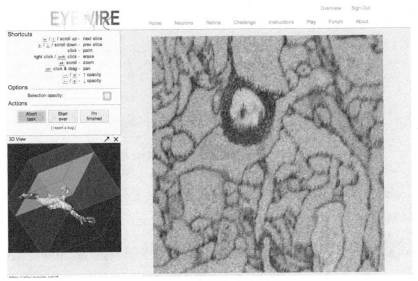

图 5-17　EyeWire 游戏截图

　　实际上，这些工作的意义是为了弥补人工智能程序的不足，从而追踪神经元的分支。在交互界面中，三维视图会显示这个神经元在整个体内的延展轨迹，玩家可以通过滚动二维的界面来跟随这个路径。玩家也可以点击切片区域，将它们加上跟踪区域。程序会自动识别出用户点击区域所对应的部分神经元。用户一旦觉得任务完成，就会接下一个任务。这个游戏的目的是为了识别出已知的各种视网膜细胞中的特定细胞类型，从而帮助我们了解视觉的工作原理。

• 5.3.2　从众包到人类计算

　　众包和人类计算都是将人和机器绑定在一起来解决各式各样的问题的方法。但是它们之间的区别也是很明显的。图 5-18 展示了众包与人类计算的比较。

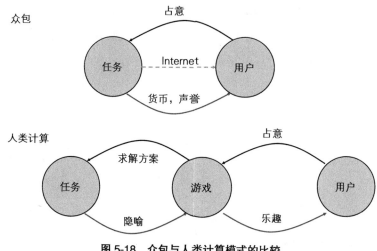

图 5-18　众包与人类计算模式的比较

从占意流的角度来看，众包的方式是人直接将占意付出给这个任务或者项目本身，而人得到的回报有的是直接金钱回报，有的是社会声誉或者一定的满足感。

而在人类计算中，人类将占意赋予给一个游戏（例如 Matchin、ESP、Verbosity、Foldit 等）或者一个与原任务没有关系的任务（例如 reCAPTCHA 中的验证码识别），然后系统会自动将这个不相关的任务映射到原任务。这样做的好处是，利用游戏或者间接任务的方式可以更容易地将用户的占意抓住。

所以，在这样的背景下，游戏就好比是一个发动机，它可以高效地将用户的占意流提取出来，从游戏到原任务的映射就好比是齿轮、链杆等传力装置。所以，人类占意流就像能量一样发生了不同形式的转换。这样，人类计算系统更像是汽车、轮船等大型机械，它可以巧妙地获取、传递、利用人类占意来"做功"——完成复杂问题的求解。

事实上，这种利用游戏提取人类占意的方式具有非同寻常的意义，我们将在第 6 章进一步讨论这个问题。

5.4　为人类编程

　　既然我们可以将人类的脑力视为一种计算资源来替代计算机做一些难度很高的工作，那么我们有没有可能将这个过程自动化呢？也就是我们能不能像调用一段程序一样来调用人这种特殊的计算资源呢？答案是肯定的，首先让我们来介绍一下土耳其机器人市场。

• 5.4.1　土耳其机器人市场

　　18 世纪，有一个叫作沃尔夫冈·冯·肯佩伦（Wolfgang von Kempelen）的匈牙利商人曾经游历欧洲。他随身携带的是他那神奇的宝贝：土耳其机器人（Turk）——一台会说话、会下棋的机器人（如图 5-19 所示）。要知道，早在 18 世纪的时候，计算机都还没有发明呢，人工智能机器就更不用说了，那么这个神奇的匈牙利商人怎么可能做出这样会说话、会下棋的机器人呢？

图 5-19　土耳其机器人 [20]

　　原来，这是一个骗局。这并不是一个完全自动化的装置，它的内部藏着一个真正的人，是这个人在操纵着机器，让观众以为是这台机器自己会下棋和说话一样。尽管这个骗局最终被揭穿，但是它却启发了科学家们思考如何构造真正的智能机器[20]。

2005 年，就在人工智能突飞猛进地发展时，著名电子商务公司亚马逊却建立了一个土耳其机器人市场（Amazon Mechanical Turk Market）[21]，招募了一堆"人类机器人"。

事实上，这是一个众包和人类计算的平台。它与其他众包和人类计算项目最大的不同之处就在于，这是一个通用平台，并且对于使用者来说是完全透明的。也就是说，无论你有什么样的工作需要大量的真人去做，你只需要提交一个任务（被称为 HIT，Human Intelligence Task，即人类智能任务），并支付一笔酬金就可以了。接下来，这个土耳其机器人市场将会自动帮你去找工人（被称为 Turkers，我们翻译为托客）来实现它，直到完成工作再把结果提交给你。整个过程对于用户来说全部是自动化的。所以，用户在这个平台上就像是在使用机器人一样，只不过这些机器人其实不是机器而是真人。

对于托客来说，他们可以通过领取微任务（micro task）而从这个平台上赚取一定的酬金。他们有可能是失业者、大学生，或者任何闲暇时间充裕的人。由于这样的工作方式轻松而有趣，同时还有一定的收入，所以他们乐此不疲。因此，土耳其机器人市场也可以看作一个网络上的劳动力市场，它可以快速而定制化地雇用到你要找的人。

在土耳其机器市场上完成的工作则是五花八门，多种多样。既有图像贴标签、翻译、校对文章、图片排序等微任务，也有社会学、心理学实验等。

• 5.4.2　Turkit——为人类编程

土耳其机器人平台上的任务大多是可以分解成微任务的，并且可以让工人们并行操作。然而，现实生活中的很多问题是需要复杂的流程的，一部分人需要先完成一定的任务之后才去做下一步的任务，也有可能有一些任务需要反复地去做。也就是说，真正的任务可能会像计算机程序一样需要一个复杂的流程。那么，我们能不能将人类计算任务看作子程序，从而通过写代码而编排出复杂的流程，完成对人类的程序调用呢？答案是肯定的。

　　Turkit 就是这样一个为人类进行编程的平台[22]。在这个平台上，你可以像写普通 Java 程序一样写下你的代码。只不过，在这些代码中，有一些语句实际上是在调用人类计算。例如图 5-20 所示的这段代码。

```
ideas = []
for (var i = 0; i < 5; i++) {
    idea = mturk.prompt(
        "What's fun to see in New York City?
        Ideas so far: " + ideas.join(", "))
    ideas.push(idea)
}

ideas.sort(function (a, b) {
    v = mturk.vote("Which is better?", [a, b])
    return v == a ? -1 : 1
})
```

图 5-20　一段人类计算代码

　　其中黑体部分就是要由人类计算完成的任务。一旦运行到 mturk.prompt 这个函数，Turkit 系统就会自动调用你在土耳其机器人市场上的账号，并提交一个任务让托客们去做。例如 prompt 这句提交的任务就是让这群土耳其机器人给出纽约市哪里好玩的若干建议，然后把这些建议串起来作为这一句人类计算命令的返回值。系统会自动等待，直到土耳其机器人市场的任务完成，再返回一个值给这个程序。接下来，这段程序才开始继续执行，然后到了 mturk.vote 这句则再一次调用土耳其机器人市场上的托客们，让他们进行投票。注意，第二次调用的托客们很可能和第一句调用的完全不同。

　　下面，我们举一个例子来看看 Turkit 平台是如何解决手写体识别问题的。图 5-21 是一张手写的纸条，测试者为了增加测试的难度故意写得比较模糊。

　　之后，我们给 Turkit 平台编写脚本，让系统调用土耳其机器市场的人类计算来识别这些字符，之后再做一个循环，让托客们反复矫正这段识别的句子。得到的迭代结果如图 5-22 所示。

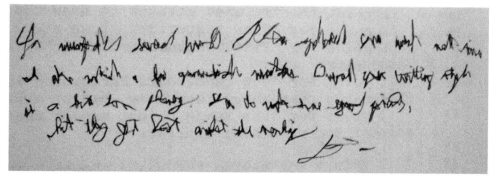

图 5-21　测试用的手写体图片 [23]

version 1:

You (?) (?) (?) (work). (?) (?) (?) work (not) (time). I (?) (?) a few grammatical mistakes. Overall your writing style is a bit too (phoney). You do (?) have good (points), but they got lost amidst the (writing). (signature)

version 4:

You (misspelled) (several) (words). (?) (?) (?) work next (time). I also notice a few grammatical mistakes. ...

version 5:

You (misspelled) (several) (words). (Plan?) (spellcheck) (your) work next time. I also notice a few grammatical mistakes. Overall your writing style is a bit too phoney. You do make some good (points), but they got lost amidst the (writing). (signature)

version 6:

You (misspelled) (several) (words). Please spellcheck your work next time. I also notice a few grammatical mistakes. Overall your writing style is a bit too phoney. You do make some good (points), but they got lost amidst the (writing). (signature)

图 5-22　人类计算在多步不同迭代之后得到的结果 [23]

　　这里展现的是第一个版本，以及迭代 6 次后 3 次的版本，我们看到经过迭代，这段文本的识别已经相当靠谱了。这就是人类机器人强大能力的展现。

当然，这个 Turkit 平台也有很多弊端，比如人类计算的实时性往往得不到满足，于是后来又有人提出了各种各样的改进方案，我们在这里不再赘述了。我们也可以预期，如果把游戏化也作为一种全新的激励方式引入进来，会进一步拓展 Turkit 平台的使用范围。

总之，Turkit 平台以及土耳其机器人市场是了不起的发明，它们开启了人类计算和众包的新篇章。可以预期，随着各种自动化设施以及人类计算的发展，对人类的调用也会越来越便利。Turkit 加土耳其机器人市场也是一台名副其实的使用人类占意资源来做功的机器，在未来，我们可以将人类的占意流加以引用，来完成更丰富的工作。

5.5 小结

从简单到复杂，从众包到为人类编程序，我们利用人类占意资源的方式不断地进化。2016 年的 1 月，《自然》杂志刊登了一篇文章：《大众的力量》(*The Power of Crowd*) [24]，系统地梳理了从众包到人类计算的几种组织模式，列举了大量的实例以充实内容，并指出，由人参与的计算基本可以分成以下三种模式。

- 第一种模式称为微任务模式。如图 5-23 所示。早期的众包，例如 Clickworkers、reCAPTCHA，还包括大部分的土耳其机器人市场完成的任务都属于这种分散的、相互独立的小微任务的模式，这种模式最适合用众包的方式来完成，但是它所能处理的任务复杂度有限。

- 第二种方式则是所谓的工作流模式，有很多环节都需要串行地处理，即一部分人处理完成之后再由下一拨人来处理。我们在 Turkit 平台中讲解的一些例子就是这种工作流模式，如图 5-24 所示。当然，在现实中，我们还可以编制更加复杂的流程图，将不同人的计算能力串联起来。而且在这种模式中，我们还常常区分完成任务的专业背景和水平，根据不同任务的难易程度来适当地加以区分和利用。

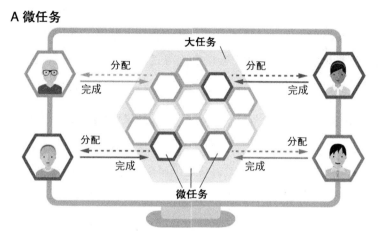

图 5-23　微任务模式的众包 [24]

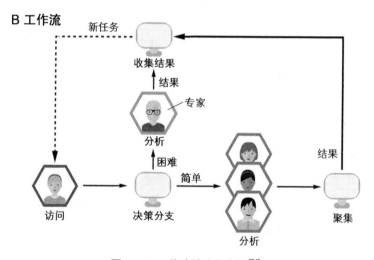

图 5-24　工作流模式的众包 [24]

- 第三种模式是所谓的问题求解生态系统的模式。如图 5-25 所示。为了完成任务，我们需要搭建一个共享工作空间，并且需要调集、整合各种不同人的意见、评估结果，从而完成高度复杂的相互协调。事实上，Polymath 这个项目以及 APPAR 红气球挑战赛中的若干获胜团队就采用了这样一种问题求解模式。可以相信，随着工具和组织方式的不断演化，还会有越来越多的工作模式出现。

C 问题求解生态系统

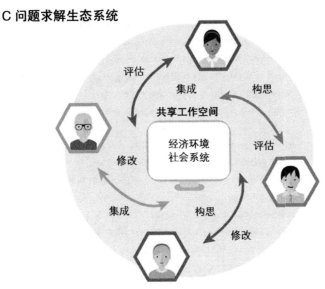

图 5-25　问题求解生态系统模式的众包 [24]

　　如果我们将人比喻成一台计算机，那么占意就是这台计算机的 CPU 计算操作，它拥有着非常强大的信息处理能力。在开放式的进化计算中，我们利用单一的占意处理比较简单的任务：点击选择。在众包中，大量的参与者将占意汇聚起来求解大规模的问题。更有趣的是，用户形成的大规模社群就好像蓄电池一样将人类的占意资源"存储"了起来，并形成复杂的反馈回路和流动结构。于是，集体占意可以完成从图像处理到维基百科的编写，再到数学定理的证明等不同级别的任务。而人类计算以及有目的的游戏则展示了我们原则上可以通过间接的方式把占意吸引住，并通过软件将占意中的计算能力进行传递。人可以像构造电路系统一样为人类集体占意流编写程序，让它做各种各样的工作。

参考文献

[1]　维克托 · S. 约翰斯顿 . 情感之源——关于人类情绪的科学 . 翁恩琪，刘赟，刘华清 译 . 上海：上海科学技术出版社，2002.

[2]　Quinn A J, Bederson B B. Human Computation: A Survey and Taxonomy of a Growing Field, CHI 2011, May 7-12, 2011, Vancouver, BC, Canada, 2011.

[3]　杰夫 · 豪 . 众包 . 牛文静 译 . 北京：中信出版社，2009.

[4]　http://zqb.cyol.com/html/2014-03/19/nw.D110000zgqnb_20140319_1-11.htm

[5]　http://www.digitalglobe.com/

[6]   DARPA Network Challenge : https://en.wikipedia.org/wiki/DARPA_Network_Challenge

[7]   Gowers W T, Nielsen M. Massively collaborative mathematics, Nature, 461(2009), 879-881.

[8]   Odum H T. Self organization, Transformity and information, Science, 242 (1988), 1132-1139.

[9]   Roundabout PlayPump : https://en.wikipedia.org/wiki/Roundabout_PlayPump

[10] Von Ahn L, Blum M, Nicholas J, et al. (May 2003). CAPTCHA: Using Hard AI Problems for Security, Proceedings of the International Conference on the Theory and Applications of Cryptographic Techniques (EUROCRYPT 2003).

[11] Von Ahn L, et al. reCAPTCHA: Human-Based Character Recognition via Web Security Measures, Science 321: 1465-1468, 2008.

[12] Human-based computation game : https://en.wikipedia.org/wiki/Human-based_computation_game

[13] Von Ahn L, et al. Verbosity: A Game for Collecting Common-Sense Facts, In Proceedings of ACM CHI 2006 Conference on Human Factors in Computing Systems, volume 1 of Games, ACM Press, 75-78, 2006.

[14] Hacker S, Von Ahn L. Matchin: Eliciting User Preferences with an Online Game, Proc. of the SIGCHI Conf. on Human Factors in Computing Systems, ACM Press, 4-9, 2009.

[15] Von Ahn L, Dabbish L. Labeling Images with a Computer Game, CHI '04 Proceedings of the SIGCHI Conference on Human Factors in Computing Systems, ACM Press, 319-326, 2004.

[16] Cooper S, et al. Predicting protein structures with a multiplayer online game, Nature, 466, 756-760, 2010.

[17] Khatib F, DiMaio F, Cooper S, et al. Crystal structure of a monomeric retroviral protease solved by protein folding game players. Nature structural & molecular biology, 2011, 18(10): 1175-1177.

[18] Play This Simple Mobile Game To Help Researchers Analyze Cancer Data: http://www.fastcoexist.com/3040228/play-this-simple-mobile-game-to-help-researchers-analyze-cancer-data

[19] Kim, Jinseop S. et al. Space-time wiring specificity supports direction selectivity in the retina, Nature 509, 331-336, 2014.

[20] The Turk : https://en.wikipedia.org/wiki/The_Turk

[21] Amazon Mechanical Turk : https://en.wikipedia.org/wiki/Amazon_Mechanical_Turk

[22] Little G, et al. TurKit: Human Computation Algorithms on Mechanical Turk, UIST '10 Proceedings of the 23nd annual ACM symposium on User interface software and technology, 57-66 , 2010.

[23] Little G, et al. TurKit: Tools for Iterative Tasks on Mechanical Turk, HCOMP '09: Proceedings of the ACM SIGKDD Workshop on Human Computation, 29-30, 2009.

[24] Michelucci P, Dickinson J L. The power of crowds. Nature, 351, 32-33, 2016.

第 6 章

游戏的世界

在上一章，我们已经看到，为了充分利用人类的占意资源，也为了让人们能够心甘情愿地融入众包与人类计算之中，我们可以通过设计一款游戏，使参与者在游戏的过程中自动解决各种计算问题。在整个占意理论的框架中，游戏是撷取人类注意力最高效的手段。这一章我们就来专门讨论游戏。

我们知道，生态系统的演化遵循从小到大、从简单到复杂的规律。低能级的浮游植物、微生物，往往个头小，但却数量繁多。与此类似，手机就像栖息在人类大规模占意流海洋中的浮游生物，它们将我们等车、排队时浪费掉的碎片化占意资源重新整合利用了起来。然而，生态系统还将朝向高级复杂的方向演变，伴随着杂草的丛生，大型食肉类动物开始出现，它们的个头巨大，能量吞吐量巨大。与此类似，机器利用人类的占意流方式也将经历类似的演变，而游戏和虚拟世界恰恰就是那个吞吐量巨大的占意流猛兽。

事实上，这种事情在小范围内早已经发生了，所有那些《魔兽世界》《第二人生》的骨灰级玩家早已成为大型游戏世界的第一批移民，他们正在将高质量的占意资源奉献给虚拟的游戏世界。相比其他的手段，游戏由于超强的趣味性和沉浸感，将充当虚拟世界注意力能量引擎的角色，它可以将占意流源源不断地从现实带向虚拟。而在硬件方面，头盔或者眼镜等虚拟现实设备即将替代手机，营造全身心的沉浸游戏已经势在必行。

这一章我们将全面探讨游戏。首先，我们会简要介绍游戏的特性，并沿着历史的顺序追寻游戏的本质；其次，我们将全面进入"游戏＋"时代，领略游戏化运动如何将游戏元素融入到家务管理、反腐、公益、设计、制造等各行各业中，以及它们是如何有效地改变现实的；再次，大规模游戏化运动必然使游戏设计成为一个热门职业，我们将介绍游戏设计理论，领略大师们的思想；最后，我们将进入由虚拟现实、增强现实技术革命打造的未来游戏世界。

6.1　游戏面面观

游戏是人类的一种本能，甚至是小猫小狗也经常游戏。古老的人们可以通过游戏来娱乐和学习捕猎技能，甚至可以抵抗寒冷与饥饿。

据传，大约3000年前，吕底亚人就使用一种奇怪的方法来解决饥荒问题："他们先用一整天来玩游戏，只是为了感觉不到对食物的渴求……接下来的一天，他们吃东西，克制玩游戏。依靠这一做法，他们一熬就是18年，其间发明了骰子、抓子儿、球以及其他所有常见的游戏。"[1]

早在4000多年前尧的时代，中国的先人们就发明了围棋这一著名而伟大的游戏，如图6-1所示。一个19×19大小的棋盘，黑白两种不同的棋子，一套简洁得连小孩子都能完全掌握的规则，却创造了如此丰富的玩法。无数聪明的头脑将自己的智力奉献在了黑白两子的鏖战之中，大量的高品质注意力倾泻到了这361个方格的棋盘上，这可以算是人类历史上最伟大的游戏了。

体育运动也是游戏，在西方，比赛就是游戏（game）。商业、政治、经济、文化都可以看作广义的游戏。按照一套既定的规则，人们彼此之间形成复杂的交互。最关键的是，所有游戏者都会将注意力投入到游戏中，全身心地参与其中。在他们看来，游戏已经完全等同于真实。

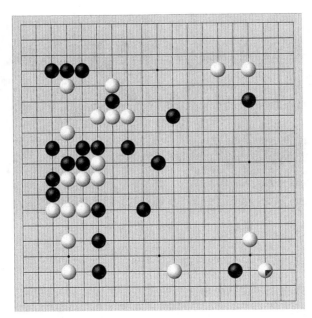

图 6-1　围棋示意图

　　无论哪一种游戏，它们都可以给参与其中的人营造一个与真实世界相对隔离的虚拟世界，游戏用符号和规则驱动着参与者的游戏行为。随着计算机的发明，人们发现，计算机天然可以用来制造游戏，因为计算机就是一个与真实世界完全隔离的由符号和规则构成的虚拟世界。游戏一旦与计算机结合，它的魔力就被彻底地释放了出来。

• 计算机游戏简史

　　计算机游戏（或称视频游戏）有着将近 70 年的发展历史，第一款电子游戏甚至早在计算机普及之前就诞生了。1952 年，计算机科学家亚历山大·道格拉斯（Alexander Douglas）在他的有关人机交互的博士论文中设计了一款类似井字棋（Tic-Tac-Toe）的游戏：XOX。它的出现竟然早在现代计算机普及之前，因此 XOX 没有投入真正的使用。大家更倾向于把物理学家威廉·辛吉勃森（William Higinbotham）于 1958 年发明的在示波器上玩儿的双人乒乓球视为第一款电子游戏，如图 6-2 所示。其中，左为运行的装置，右为示波器中的乒乓球。[2]

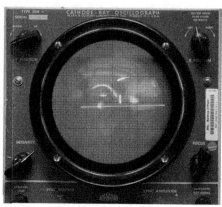

图 6-2 双人乒乓球（第一款电子游戏）

威廉·辛吉勃森是一名布鲁克海文国家实验室（Brookhaven National Laboratory）的核物理学家，他在闲着无聊的情况下开发了这个双人乒乓球游戏，以供参观实验室的物理学家们解闷。没想到的是，这样一个无意之举，竟创下了世界之最——全世界第一款电子游戏就这样诞生了。

而第一款真正意义上的计算机游戏则是由 MIT 的史蒂夫·罗素（Steve Russell）于 1961 年开发的《星球大战》，它当时运行在大型机 PDP1 上，可谓是超豪华配置，如图 6-3 所示。

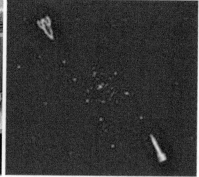

图 6-3 PDP1 型大型机与《星球大战》游戏

随后，进入了 20 世纪 60 年代中后期，商业级别的游戏机（arcade game machines）开始出现，游戏的内容也逐渐丰富起来。而到了 20 世纪 70 年代，计算机游戏迎来了黄金年代，一大批不同款式的商业计算机开始取得了非常大的成功。

尽管 20 世纪 80 年代的计算机游戏仍然比较粗糙，但已经创立了一系列脍炙人口的经典，例如《吃豆人》（*Pac-Man*）、《超级玛丽兄弟》（*Mario brothers*）、《俄罗斯方块》（*Tetris*）等。这个时期的游戏特点是图形界面简单，但是游戏规则设计巧妙。

20 世纪 90 年代出现了游戏界的两件大事：一是 PC 游戏诞生，创造了诸如《命令与征服》《红色警报》等 PC 机上面的抢手货；另外一个标志性事件就是 3D 图形引擎的普及，游戏终于可以摆脱二维粗糙的画面，进入了真正的 3D 时代了。《毁灭》（*Doom*，见图 6-4）就是这类 3D 游戏的代表，它开创了第一人称射击游戏这一全新的类型 [2]。

图 6-4　游戏《毁灭》的宣传图和游戏截图

进入 21 世纪后，游戏种类发生了一次"寒武纪物种大爆发"，第一人称射击、角色扮演、冒险类游戏、模拟类游戏、体育竞技类游戏，等等，真可以说是百花齐放，万家争鸣。多样化的游戏必然形成了多样化的市场，女性、老年人等以前不怎么玩游戏的人也被卷入了整个游戏市场。

2000 年后游戏业的一个标志性事件就是大型多人在线网络游戏开始盛行。现代的网络游戏可以追溯到诞生于 20 世纪 70 年代末期的 MUD（Multi-User Domains）游戏。但是，只有伴随着 3D 图形引擎和网络技术的成熟，大型网络游戏才终于爆发，例如《传奇》《无尽的任务》《魔兽世界》（见图 6-5），等等。

图 6-5 《魔兽世界》游戏界面

到了 2010 年，游戏的发展又呈现出了几种趋势。其中一个就是一些可以捕捉人类动作的体感游戏机诞生了。实际上，早在 2006 年，任天堂就推出了 Wii 游戏机，这种系统可以捕捉用户在屏幕前的动作，从而让玩家可以摆脱鼠标键盘的束缚，让全身都可以运动起来。但是投资界却并不看好这类全新尝试。而到了 2010 年，这种体感游戏开始风靡，任天堂的 *Wii Play* 和 *Wii Fit*（如图 6-6 所示）系列都受到了广泛的欢迎。随后，索尼的 Move 和微软的 Kinect 开始跟进，进一步促成了体感游戏市场的最终形成 [2]。

图 6-6　任天堂的 Wii 游戏机和 *Wii Fit* 游戏

另一方面，随着智能手机、平板电脑以及移动互联网的普及，各种手机、平板游戏流行了起来，诸如《植物大战僵尸》《Flappy Bird》《水果忍者》等简单小巧的游戏应运而生。这些游戏都是早期小游戏的回归，它们图形简单，但可玩性很强。

通过回顾这将近 70 年的发展历史，我们可以从一个非常粗的线条看到现代计算机游戏的发展走势：它通常是由硬件、软件以及商业模式等多方面驱动演化的。因此，可以说游戏的发展历史就是计算机技术发展历史的缩影。

从总的趋势上来看，游戏一方面在朝着越来越逼真的图形界面发展；另一方面则朝向规则简单、可玩性强的小游戏演化。这两种游戏分别吸引了对游戏非常挑剔的骨灰级玩家以及更广大的普通玩家。这就像生态系统中的大象与老鼠，前者对于占意的吞吐量很大，但数量非常少；而后者的数量广大，但吞吐则小了很多。

6.2　什么是游戏

既然体育比赛和各种棋类、牌类竞技，甚至是政治、社会、经济交互都可以看作游戏，那么究竟什么是游戏呢？

• 6.2.1　游戏的定义

在《牛津词典》中，游戏被解释为"人们在特定规则下从事的某种竞争性活动或者运动"。然而，这个解释比较偏重于传统的体育竞技类游戏，却无法涵盖现代大量的视频游戏或者电脑游戏。

在维基百科上，"游戏"词条下的描述是："游戏是玩的一种结构化形式，通常用于娱乐和教育……游戏中的关键元素包括：目标、规则、挑战以及交互。"[3]

著名的游戏设计师克里斯·克劳福德（Chris Crowford）将游戏定义为：一种交互的、具有明确目标的、由积极主动的参与者玩的，并且参与者可以彼此交互的活动[3]。

《游戏改变世界：游戏化如何让现实变得更美好》一书的作者简·麦戈尼格尔（Jane McGonigal）指出，目标、规则、反馈系统和自愿参与是游戏中最重要的四个元素[1]。

法国社会学家罗歇·凯卢瓦（Roger Caillois）则列举了游戏的另外几个重要元素：趣味、分离性、不确定性、非产出性、由规则限定，以及幻想性[3]。

• 6.2.2　游戏的特性

尽管以上这些定义或描述不尽相同，但是它们表明了游戏具有如下一些重要的公共特性。

1. 交互性

由于游戏的娱乐性和可观赏性，游戏被誉为除绘画、音乐、电影等艺术形式以外的第九种艺术。然而游戏与其他艺术品最大的区别就在于可交互性，或者叫作可参与性。

从绘画到电影再到游戏，我们看到了一种渐进的复杂度提升。首先，绘画是一种静态的艺术作品，观众只能通过视觉来被动地接收信息。而电影相对于绘画多出了一个时间的维度，所以电影的内容是随着时间而展开的。相对于这些艺术形式，游戏则多出了另外一个维度：可交互性。艺术品的观众本身也变成了游戏的一部分，因为不同的玩家可能会创造完全不同的游玩历史轨迹。所以对于同一款游戏来说，一千个玩家就可能创造出一千个不同的玩的历史。游戏的可交互性与互联网上的用户参与性具有同样的内涵。

2. 趣味性与自愿参与性

趣味性，也就是游戏的好玩性，无疑是游戏的一个重要元素。我们在玩游戏的过程中会收获愉悦的心情，获得一种难忘的体验。但是，并不是所有的游戏都具有娱乐性，例如现在开发的很多训练士兵、训练驾驶的所谓严肃游戏，就不具备那么强的娱乐性或者趣味性。

因此，从更广义的角度来说，用玩家的自愿参与性来描述游戏可能更加恰当。没有了玩家的自愿参与，游戏也就失去了存在的意义。而游戏的趣味性本身实际上更容易保证玩家的自愿参与性；但是反过来，自愿参与的游戏并不一定具有趣味性。

3. 目标性

一般的游戏都具有明确的目标，例如棋类或者体育比赛类游戏通常将赢得对手作为目标。很多电脑类游戏也具备明确的目标：通过关卡或者获得更高的分数。游戏依靠这种内嵌的目标驱动着玩家的参与。

然而，有些游戏却没有明确的目标，例如《模拟人生》《第二人生》和《模拟城市》，等等。游戏的参与者进入游戏后就可以尝试完全不同的人生或者自己规划一个城市，玩家可以自己给自己设定目标，但是游戏本身并没有明确的目标。

因此，克里斯·克劳福德认为这种没有明确目标的游戏不应该叫作游戏，而应该叫作玩具（toy）。就像我们小时候玩的积木或者洋娃娃。玩具可以很好玩，使得玩家能够自愿参与其中，但是它们没有明确的目标。

4. 隔离性

一般的游戏都具有隔离性，即当我们游戏的时候，我们会进入一个全新的"游戏世界"，而这个世界通常会与现实世界相互隔离。例如，现代的大型网络游戏就具有非常明显的隔离性：一个与现实完全平行的在线虚拟世界。

游戏的隔离可以区分为时间的隔离和空间的隔离。例如，当多个人玩《杀人游戏》或者《谁是卧底》等游戏的时候，游戏和非游戏的区分主要是时间边界。而这类游戏的空间边界则非常不明显。与此对应，大多数游戏都具有明确的空间边界。例如，球类游戏需要有固定的运动场所来完成。

游戏的这种隔离性通常需要一套符号系统来完成。也就是说，我们需要通过符号映射规则为游戏中的事物赋予意义。例如，在多人玩《杀人游戏》的过程中，法官、警察、平民、杀手这些不同的角色就是赋予给不同玩家的符号。因此，从这个角度看，游戏是通过为不同的事物赋予意义而创造了一个隔绝的游戏世界。

《杀人游戏》

《杀人游戏》是一个多人参与的角色扮演类智力心理游戏，它可以锻炼参与者的口才、推理和分析能力。游戏分为多个角色，一般包括杀手、法官、警察、平民等。每一轮分为天黑杀人阶段、指认阶段和自由辩论阶段。游戏中，法官并不参与游戏，但知晓全部信息，并主持、协调游戏的进行。在天黑杀人阶段，杀手可以暗自杀死一个人。在指认阶段，警察猜测谁可能是杀手，并向法官求证，法官将通过手势给出"是"或"否"的回答。在自由辩论阶段，除了被杀死的人以外的所有人都可以进行自由地辩论，并最终猜测谁是可能的杀手。警察和平民的目的是为了尽可能发现出杀手是谁，杀手的目的则是混淆视听、栽赃陷害、借刀杀人，并让自己不被发现。最后，被多数人指认为杀手的人将会死掉。就这样，游戏一轮一轮地进行，直到所有的杀手都被杀死，则警察一方赢；或者所有的警察平民都被杀死，则杀手一方赢。

时空的隔离以及全新符号系统在现代的计算机游戏中体现得更加淋漓尽致。计算机游戏就是通过计算机中的代码搭建了一个全新的虚拟世界。

5. 规则性

但凡游戏必然都具备自己的一套规则系统。这套规则既包括了各种游戏符号的指称及其意义，又包括了参与者如何玩游戏的规则。

有趣的一点是，游戏的规则通常体现为某种约束，而不是强迫玩家必须怎样怎样做。也就是说，玩家在规则的约束下具有充分的自由度，这样才能体现出玩家的可参与性。

6. 不确定性

不确定性也是游戏中的一大重要元素。游戏中的不确定性主要体现在环境的不确定性和对手的不确定性两方面。

- 环境的不确定性主要是指游戏本身在机制或者规则层面就具有不确定性。例如，老虎机这类赌博游戏最大的吸引人之处就在于不确定性。不确定会给人带来可玩性甚至上瘾。在很多游戏中，骰子就起到了不确定性的重要因素，它会给游戏添加无穷的乐趣。

- 第二种不确定性可以来自游戏的对手。例如，在棋类游戏或者竞技类游戏中，正是由于我们并不清楚对手会采用什么策略，这个游戏才变得非常好玩。

可以肯定的一点是，如果游戏就是一个完全确定的系统，一切的后果都是显而易见的，那么玩家的参与也就失去了意义。

7. 沉浸性

人们之所以热衷于玩游戏，就是因为当我们沉浸在游戏世界中时，就可以忘却现实的烦恼和忧愁，而这样一种状态就是沉浸（immersion）。所谓的沉浸就是指人能够长时间全神贯注地做某事的一种心理状态。由于游戏与现实世界的隔离性，游戏会创造出来一种独立的虚拟游戏世界。当沉浸发生时，玩家的占意资源高效地集中在游戏上。

游戏作为一种创造内在动机来完成娱乐的活动，其目的就是为了让玩家进入心流（Flow）的状态。因此，心流理论可以指导设计师进行游戏设计。但是，心流的发生并不一定非要与游戏有关，只要一个人全身心关注某个事物，并在这个过程中得到了愉悦的享受，就有可能进入心流状态。

心流理论

幸福心理学家米哈里·奇克森特米哈伊（Mihaly Csikszentmihalyi）提出了一套心流理论（Flow theory）来描述人类的沉浸现象。所谓心流，就是指一种人们将全部精力都投入到做某事物并在整个过程中都非常享乐的心理状态。他进一步总结，心流需要具备如下 6 个特征[4]：

- 在当前时刻精神高度地集中；
- 觉知与行动融合在一起；
- 浑然忘我；
- 对于活动或情景的个人掌控；
- 对于时间体验的扭曲，取而代之的是主观时间体验；
- 对于活动的体验本身就是一种内在的奖励，或称为"自成目的"（autotelic）的体验。

这些特征有可能相互独立地发生，但是只有当它们一起出现的时候才算进入了心流的状态。

当玩家进入心流后，游戏与玩家的注意力和信息的交换都达到了极大的通量。所以，沉浸也可以理解为人与游戏之间高通信息交换通道的建立过程。

6.3 游戏改变世界

游戏其实是一个人们为了娱乐而单独创造的与外界相隔离的虚拟世界。恰恰正是由于游戏所具备的隔离性，这使得大多数人并不看重游戏的真正意义——毕竟，我们不能成天生活在游戏世界中。于是，进入游戏世界中的人与现实世界中的"正常人"分离成为两大阵营，他们彼此并不能相互理解。现实世界的人试图说服游戏世界的人走出虚拟，面向真实。游戏中的人则嘲笑现实世界中的人无法得到真正沉浸游戏中的淋漓尽致的快感。两方争执不下，彼此对立。

然而，我们就没有第三条路可以走吗？著名的游戏设计师简·麦戈尼格尔并不这样认为，她在著作《游戏改变世界：游戏化让现实变得更美好》中表达了这样的观点：游戏本身并没有错，错就错在现在大多数游戏无法与真实世界相联系[1]。所以，游戏本身必须要发生改变，它需要走出自己的封闭小世界而面向现实。

简·麦戈尼格尔不是一个空想理论家，她创立了一系列所谓的"平行实境"游戏

（alternative reality game）的实例，用实践向全世界宣称：游戏不仅无害，还可以渗透到我们的日常生活中，甚至游戏可以改造我们的现实世界，让生活变得更美好。但是这真的可能吗？睁眼看看现实世界吧，战争、饥荒、环境污染、腐败、老龄化……想想这些恼人的问题就让人头大，我怎么还游戏得起来？游戏难道能够帮助我们解决这些实际问题吗？没错！

• 6.3.1 《家务战争》

当每个人成家立业、结婚生子之后，家务便成了一个家庭中最让人烦恼的事情。夫妻双方会相互推卸责任，甚至大打出手。那就让我们来玩《家务战争》（*Chore Wars*，见图 6-7）游戏吧。这是一款在真实世界中进行的角色扮演游戏，由英国的游戏设计师凯万·戴维斯（Kevan Davis）开发。

图 6-7 《家务战争》游戏的登录界面

首先，你要找到一个你家或者办公室的"冒险伙伴"，可以是你的配偶、家人，或者同事、室友，你们一起到网上注册，并为你们合住的王国起一个亮堂的名字，之后你们就可以开始"冒险活动"了。"冒险活动"包括做饭、洗碗、扫地、擦桌子、洗马桶，等等。由于这是一个角色扮演游戏，所以它鼓励你从荒诞的角度改写家务名称。

每当你完成这些家务琐事，就可以登录系统报告成果，系统会赋予你一定的经验值、虚拟货币以及装备，虚拟化身也会升级，提升虚拟技能点数。比如，除尘且没有碰掉书架上的东西，敏捷度加 10 点；拎出 3 袋可循环垃圾，耐力加 5 点，等等。你的冒险伙伴是你的监督者，以防止作弊。

就这样，《家务战争》将枯燥的家务琐事变成了有意思的游戏。现实的效果怎么样呢？一位来自德州的母亲描述了一段难忘的经历："我们有 3 个孩子，分别 9 岁、8 岁和 7 岁。我和孩子们坐在一起，给他们看各自的任务和冒险活动，接着，他们简直跳了起来，跑着去做自己挑选的任务了。我还从来没有见过 8 岁的儿子铺床呢！在看到丈夫出手清理烤箱，我简直乐晕了过去。"[1]

不仅是小孩子，20 多岁的年轻人也爱这个游戏。一个玩家报告说："我跟一个女孩还有 6 个小伙子一起住在伦敦的一套房子里。很多时候，只有我一个人收拾，我简直快要疯了。昨天晚上，我给全体人注册了账户，定制了一些'冒险活动'。今天早晨我刚起床，就发现房子焕然一新。老实说，我简直不敢相信自己的眼睛。我们简直是在抢着做家务！小伙子们互相较量，执着地想要击败对方。"[1]

大家为什么觉得它好玩呢？其关键的诀窍有两点：一是它把枯燥的活动变成了好玩的任务，使得人们自愿承担；二是所有的结果都会有即时的反馈。尽管那仅仅是一串抽象的数字，但玩家能够即时、快速地感受到自己的进步。

• 6.3.2 《活力》

老龄化是现代社会另一个令人头疼的问题。大量的孤寡老人被遗弃在家中。即使再孝顺的子女也不可能长时间陪伴自己的父母，孤独成为了老人们很难克服的心理杀手。然而，谁又愿意浪费时间跟一个陌生老人聊天呢？他们可能连话都说不清楚。《活力》(Bounce)是美国加州大学伯克利分校新媒体中心开发的一款游戏，它可以使我们与老人聊天更有趣，也更富有挑战性。

《活力》是一款电话交谈游戏，你登入游戏后，就会跟一位比你年长 20 岁的老人进行电话连线。你们需要按照一系列电脑提示互相交换过去的故事，以便发现你俩共同的人生经历。例如，有什么事情，你们俩都用双手来干？哪一项有用的技能，

你们都是从家长那儿学会的？哪一个遥远的地方，你们俩都去过？你的目标是在 10
分钟内，尽可能多地找出和这位老人的共同点。共同的问题越多，你们两个的得分
也就越高。

　　游戏的效果如何呢？几乎每个玩过的人都希望再玩一次。每一名老年人在接过
电话后都表示情绪高涨。更有意思的是，网站会把玩家提供的答案编成一首简单的
现代诗。以下就是系统为一对玩家生成的诗歌。[1]

> 法国鲁日蒙，共照婚纱照，古仓跳探戈
> 拧弯回形针，肉桂小面包，爱吃牛舌头
> 穿上一条裙，跳进太平洋，齐齐入暗房

　　这些都是两位相差 20 岁的玩家所共同经历过的人生故事。通过这样的方式，玩
家们不仅在一起度过了难忘的 10 分钟，而且还共同创作了一首诗，他们可以把它打
印下来，装裱起来，也可以分享给自己的朋友。总之，游戏的双方都得到了快乐，
而老人们也因这款游戏减轻了孤独感。

• 6.3.3 《调查你议员的开支》

　　腐败是这个社会的寄生虫。最有效的遏制腐败方式就是透明化、公开化，让社
会群体共同监督政府。然而，这说起来容易，做起来却有不小的障碍。假如政府真
的把所有账务全部公开，到底谁来检查呢？社会？没错，但是谁愿意奉献那宝贵的
时间审查成千上万的报销票据呢？恐怕没人真的花得起这个功夫，那么公开透明化
岂不是变成了一句笑话？

　　怎么办呢？游戏再一次大显身手。《调查你议员的开支》（*Investigate Your MP's
Expenses*，网站：http://mps-expenses.guardian.co.uk）这款游戏通过设计巧妙的游戏机
制，借助众包的力量，轻松实现了检查政府的每一笔报销，并成功发现了大量的腐
败现象。

　　这款游戏是由西蒙·威利森（Simon Willison）接受了英国《卫报》的求助之后
开发的，他的任务很简单：把所有扫描的票据转化为 458 832 份在线文档，并建立了
一个网站，让任何人都可以去查阅，如图 6-8 所示。于是，《卫报》推出了这个全世

界第一款多人新闻调查项目《调查你议员的开支》。玩家所需要做的就是在这近 46 万份文档中找到可疑的出来，并点击按钮"调查这个"，从而让相关的办公人员进一步审查。

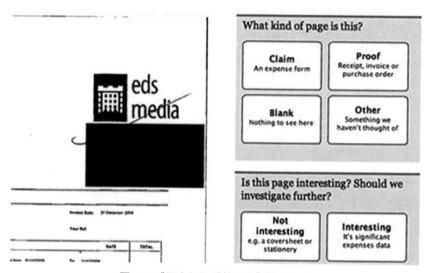

图 6-8 《调查你议员的开支》网站界面

　　游戏上线仅仅 3 天，该众包活动就取得了空前的成功，有 20 000 多名玩家参与其中，并已经分析了 170 000 多份电子文档，访客参与率竟然高达 56%。这么高的参与率的一个重要原因就在于这款游戏的界面让你感觉很容易采取行动，而且可以立即看到自己行动的效果。另外，游戏网站还列出了一系列贡献重大玩家的名单，还有一个"最佳个人发现"页面，标注了单个玩家的关键发现，这为游戏提供了很好的社交体验。例如，一个玩家指出："一份来自丹尼斯·麦克沙恩（Denis MacShane）议员的发票，第 29 页数学做得太糟糕了，他填写的报销金额为 1730 英镑，但所列物品总价为 1480 英镑[1]。"

　　另外一个网页专门列出了游戏的一些统计信息："平均而言，每名议员的开支是其年薪的两倍甚至更高：薪水最高为 60 675 英镑，支出却高达 140 000 英镑；纳税人对议员个人物品开支的总负担额为每年 8800 万英镑。"[1]

　　玩家的参与导致了什么结果呢？最终，有 4 名被玩家发现的议员接受了刑事调查，而另外 28 名议员则辞职或宣布在任期结束后退出政界。政府进一步勒令百名议员偿还总计 112 万英镑的报销款。就这样，一场通过游戏组织的全民反腐运动以胜利告终。

6.3.4 《免费稻谷》

最后，让我们来看看，游戏是如何帮助人们解决饥荒问题的。《免费稻谷》（*Freerice*，freerice.com）是由约翰·布林（John Breen）开发的一款游戏，如图 6-9 所示，它让你在线上回答一系列的问题，而与此同时，你可能就会为非洲难民捐献粮食。

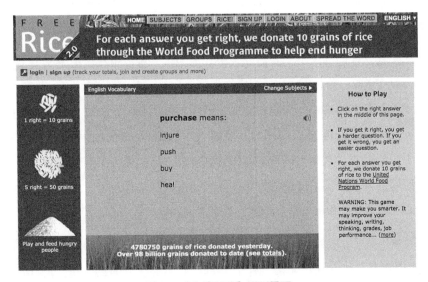

图 6-9 《免费稻谷》网页界面

玩家回答的问题通常各式各样，五花八门，涵盖了各个领域。并且，问题的难易程度会根据玩家答题的表现而发生动态的变化。比如，你连续正确地回答了多个问题，那么接下来的难度就会加深；否则难度就会降低。

那么，这些真实的稻米从哪里来呢？答案是来源于广告。由于《免费稻谷》这个游戏集中了大量的占意资源，商家于是就愿意花钱在它上面打广告。那么，这笔广告的费用就转化成了真实稻谷的形式由商家支付，捐献给非洲难民。

按照游戏的规定，当玩家每回答对 200 个问题就会捐献一粒稻谷。尽管通常情况下，一个人连续回答 20 几个问题就已经感到筋疲力竭，但是由于每天都有 20 万～ 50 万人在线玩这个游戏，所以平均下来，每天能产生养活 7000 个难民的稻米。

• 6.3.5 "游戏 +" 时代

这些游戏就是简·麦戈尼格尔所谓的平行实境游戏，它们的目标只有一个：用游戏改造这个让人处处伤心的现实世界，而不是反过来远离和逃避游戏。尽管这类平行实境游戏已经远远超脱了我们习惯的普通游戏，但是按照简·麦戈尼格尔的观点，它们仍然符合游戏的四条本质特征，即目标、规则、反馈系统和自愿参与 [1]。对于现实生活中的问题，我们只需要给玩家提供明确的目标、固定的规则、即时的反馈就能促使玩家自愿地参与游戏，并奉献出他们宝贵的占意资源。

因此，在这样的理念下，我们发现游戏成为了一种改造社会的基础要素。而且从《游戏改变世界：游戏化如何让现实变得更美好》一书中列举的大量例子来看，这些游戏既深受玩家的欢迎，又能改变现实世界。无独有偶，2002 年，英国程序设计师尼克·佩林（Nick Pelling）提出了"游戏化"（gamification）的概念 [5]，并于 2010 年在西方流行起来。它作为一种全新的管理方式，已经进入了很多管理学的课堂教学中。所谓的游戏化，就是指将游戏设计的元素以及基本原理应用到非游戏的场景中，从而提高人们的积极性、参与感，甚至提高产量、效率和心流体验等。

正如现代的"互联网 +"行动所提倡的，我们要用互联网的技术背景渗透、甚至改造大量的传统行业。而在未来，随着"互联网 +"的发展日臻完善，我们将需要游戏来改造现实，这就是我们这里提出来的所谓的"游戏 +"的概念。

在前面的例子中，我们已经看到，"游戏 + 传统的家务"就成为了《家务战争》游戏，"游戏 + 传统的敬仰老人"活动就变成了《活力》这个游戏，"游戏 + 反腐败"就成为了《调查你议员的开支》的游戏……在未来，我们将会看到各种"游戏 +"的例子。

让游戏无时无处不在，这便是互联网发展的全新趋势。当媒介融入到人们日常生活的方方面面，又有谁能够区分抢微信红包、抢支付宝红包的"全民狂欢"到底是一种生活还是一种游戏呢？微信红包正是体现了"游戏 +"时代的到来。"游戏 +"

生活是一种全新的生活方式，"游戏＋工作"是一种全新的管理方式。由此可见，运用游戏解决真实世界中的疑难问题真的不是天方夜谭。

6.4　游戏设计

我们看到，这些游戏化的例子设计得都非常巧妙。如果想将一个枯燥的活动进行包装，设计成一款有趣的游戏需要游戏设计师出色的创意和想象力。可以想到，随着游戏化运动的不断深入，我们将需要越来越出色的游戏设计师。那么游戏究竟是怎么设计出来的？游戏设计是否有什么规律可循呢？下面，我们就从游戏设计者的眼光来重新审视游戏的各种深层次因素。

• 6.4.1　游戏机制

游戏机制（game mechanics）是一个游戏的根本，它是由一组规则或方法组成的，这些规则可以解决游戏状态之间的转换以及与玩家的交互，因此游戏机制提供了游戏基本的可玩性 [6]。

实际上，一个游戏背后的本质不是它的外观，也不是构成的它的计算机代码，而是它底层的规则和逻辑，这就是游戏机制。让我们以围棋来说明。首先，围棋需要两个人来下，这两个人要交替码放棋子，棋子不能重合，当一方棋子包围住另一方的棋子，则可以"吃掉"棋子……最终走完所有可能的空格，占领位置最多的一方获胜。所有这些规则就构成了围棋的游戏机制。让我们再来看看《超级玛丽》的游戏机制：玩家控制一个主人公（玛丽），他会在各个平台之间跳跃，可以踩死乌龟，可以吃掉蘑菇，所有这些规则构成了"超级玛丽"的游戏机制。至于我们应该如何用代码去实现这些规则就是细节问题了。所以，小到一个棋类、牌类或者休闲类游戏，大到超级复杂的大型多人在线游戏，它们的背后都有游戏机制。

从游戏设计者的角度来说，游戏机制就是设计师首要考虑的因素。那么如何设计好一套好玩有效的游戏机制呢？有没有什么规律可遵循呢？下面，我们就沿着游戏的平衡性和涌现性这两个层面来讨论。

1. 游戏的平衡性

游戏的平衡性（game balance）是设计师在游戏机制层面要考虑的最主要因素之一。所谓的平衡性是指游戏中的各个组成单元都能得到有效而充分的利用[7]。否则，一个不平衡的游戏机制会造成游戏中设计元素的浪费。

那么，我们将如何创造出平衡的游戏呢？其中一种最直观的手段就是在游戏设计上保持对称性。例如，在棋牌类游戏中，所有的玩家都具备完全相同而对称的初始状态。在象棋中，两个玩家具有完全相同的初始棋子布局。第二种创造平衡性的方法是进行随机化，因为随机往往能够带来均匀。例如，在纸牌游戏中，洗牌就是一种利用随机性来创造的对称性，让所有的玩家感觉到公平。第三种方法就是创造动态平衡，特别是玩家的表现和游戏难度之间的反馈：当玩家玩游戏的表现越来越好的时候，游戏的难度也会自然地增加。下面我们来看几个游戏平衡性的实例。

《街头霸王》（Street Fighter，见图 6-10）是一款著名的动作类游戏，它的平衡性就做得非常好。在这个游戏中，玩家可以选择多个不同的游戏角色。而这些角色可谓是各有特色，它们有的身材短小，但却异常灵活；有的动作缓慢却有绝招。总而言之，没有哪一个角色相对于所有其他角色具有绝对的优势或劣势。否则，就会导致绝对占优的角色出现，于是玩家都会自愿地只选择这个角色，从而浪费了其他的角色。

图 6-10 《街头霸王》中的不同角色 [1]

———————————

① 图片来自 www.nipic.com。

　　这种不同角色之间的能力平衡关系可以用"石头、剪刀、布"的博弈结构来做类比，如图 6-11 所示。

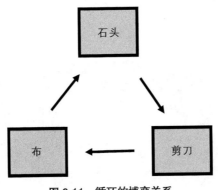

图 6-11　循环的博弈关系

　　其中箭头方向表示的是角色之间的制约关系。只有当这种制约关系能够构成一种非传递图的时候（箭头连接形成的路径构成循环），才能使得游戏平衡，因此，游戏的可玩性才能体现出来。我们完全可以把石头、剪刀、布理解为不同的格斗角色，当石头对战剪刀的时候由于石头拥有更高的攻击力因此石头赢。当布对战石头的时候，由于布拥有较高的防御力，因此布会赢。但是，当剪刀对战布的时候，由于剪刀的灵活性和攻击性可以攻破布的防御力，因此剪刀会赢。正是因为存在这样一种均衡制约关系，玩家才有动力选择各种不同的角色对战，这个游戏才更加好玩。

　　但是，均匀性和对称性仅仅构成了游戏平衡性的一个重要因素，另一方面，游戏必须是一个动态的平衡系统，也就是说游戏本身要存在一种破坏游戏平衡的机制（也就是所谓的对称破缺机制）。

　　让我们仍然用围棋为例，虽然在初始时刻，黑白双方完全处于对称的地位。但是一旦某一方吃掉了另一方的一大片棋子之后，这种对称性就会在瞬间破缺掉，被吃掉棋子的一方会一下子占据被动地位。正是这样一种打破平衡的机制才使得游戏的可玩性可以持续地提高。

　　另外一个例子来源于《俄罗斯方块》。如图 6-12 所示，玩家在游戏的过程中总是要追求一种平衡（落下的物块应该足够均匀的分布，以便能够大量地消掉），但是这种平衡很容易就会被新掉下来的物块打破。这样，玩家的游戏过程就体现为一种不断地建立平衡、打破平衡的重复之中。正是这样一种动态的平衡机制使得《俄罗斯方块》具有很高的可玩性。

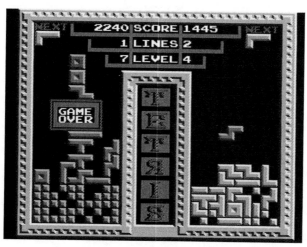

图 6-12 《俄罗斯方块》示意图

当然，游戏中的这种平衡、打破平衡的机制应调节到一定的比例范围内才会好玩。过于平衡的游戏会很容易让玩家生厌，而过多地破坏平衡机制则会让玩家丧失信心。

2. 游戏的涌现性

涌现（emergence）是系统科学、复杂性研究中的一个术语，它是指由大量微观个体单元通过交互所展现出来的超越底层单元的集体属性或者规律。

涌现也可以引申为系统的运行表现对于底层运行机制的超越。例如，《生命游戏》（Game of Life）就是一个很典型的例子。这是一个自动运行的程序，遵循两条非常简单的规则，但是系统运行出来的整体表现则完全超越了程序设计者的预设和想象[8]。

《生命游戏》中的涌现

很多简单的计算机程序都能说明涌现现象。在这里，我们介绍一个简单的小程序，叫作《生命游戏》，它是一个没有玩家参与的计算机演化算法，却能利用简单的规则创造出意想不到的复杂性。

想象一个二维的有很多小灯泡构成的棋盘格世界，每个灯泡都可以打开，也可以关闭。每个灯泡在下一时刻的开关状态都与它周围 8 个邻居的开关状态有关。

具体的规则如下。

(1) 如果周围 8 个邻居中有 3 个灯泡打开，那么我也打开。

(2) 如果周围 8 个邻居中打开的灯泡数超过 3 个或者少于 2 个，则我关闭；如果打开的灯泡数刚好是 2 个，则如果我以前是打开的则继续打开，否则就关闭。

当我们找来足够多的灯泡拼成《生命游戏》的"霓虹灯"，并按照这两条规则运行该游戏的时候，我们很快就发现，根据初始条件的不同，结果也非常不同。有时，游戏变化很快，所有的灯泡都关闭了；有时，一些打开的灯泡群体就像晶体一样固定下来，停留在一种固定的模式上不再发生变化；但大多数情况下，你将看到各种"沸腾"着的结构。例如，花朵、蝴蝶、桃心，如图 6-13 所示。

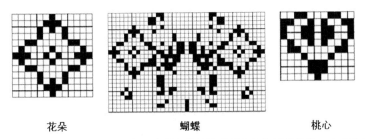

花朵　　　　　　　　蝴蝶　　　　　　　　桃心

图 6-13　《生命游戏》演化出来的一些"沸腾"的结构（黑色为打开的灯泡，白色为关闭的灯泡）

这个简单的游戏是在 1970 年由数学家约翰·康韦（John Conway）提出的，他通过计算机模拟了这个简单的灯泡游戏，并观察发现该游戏可以用来组合构造出非常复杂的结构，甚至可以模拟我们的计算机！因此，该游戏的创建者约翰·康韦大胆预言，只要给我足够大的方格空间，并等待足够长的时间，从原则上讲，《生命游戏》中可以创造任何你想要的东西，包括宇宙天体、进化的生物，甚至是可以撰写 Ph.D 论文的智慧生命。所有这些都是《生命游戏》中的涌现现象。

在计算机游戏中，所谓的涌现性通常是指那些玩家的玩法超出了游戏设计师的设计甚至想象，这就是所谓的涌现的可玩性（emergent gameplay）[9]。并不是每个游戏都必然包含着涌现性。在通常情况下，一个好的游戏设计往往可以利用异常简单的设定和规则，就能让玩家在游戏中展现出涌现的可玩性出来。

最简单、直观的涌现可玩性的例子还是围棋。我们可以用一页 A4 纸写下围棋的所有游戏机制。但是，在这样简单的规则设定下，玩家却能玩出巨量的玩法。据说，世界上没有两盘完全一模一样的棋局。所有游戏中的计谋、策略都是玩家在玩游戏的过程中自发涌现出来的。

再比如，在游戏《超级玛丽》中，玩家会玩出"三连跳"的花招——即利用玛丽的惯性连踩三个乌龟的跳跃。我们知道，《超级玛丽》的设计者仅仅为玩家设计了跳跃、奔跑、惯性等最基本的玩法和物理规则，但是通过组合这些元素，玩家却可以创造出"三连跳"这样的玩法。

《传送门》（Portal）是一款奇特的第一人称射击游戏，射出的子弹不能打死敌人，却可以创造出时空虫洞。在这样一个到处都充满虫洞的世界中，新的物理规则却能让玩家创造出各种各样奇怪的涌现性玩法。例如，在一个关卡中，玩家可以通过构造两个位于同一垂直面上的虫洞门使自己可以利用重力和虫洞穿越来不断地把自己加速（如图 6-14 所示）。

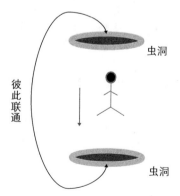

图 6-14 《传送门》游戏中的涌现玩法

3. 设计心流体验

前面我们已经提到，游戏的目的就是为了让玩家能够尽可能地沉浸其中，并达到心流的状态，这也是游戏设计师们的首要任务。事实上，在心流理论中已经有一套比较完整的如何促进心流状态发生的方法。这就是让游戏的挑战难度与玩家的能力技巧尽量相互匹配[4]。

如图 6-15 所示，横轴表示玩家的技能，纵轴表示游戏的挑战难度。心理学家将不同的区域对应了不同的心理体验。例如当挑战过于简单，玩家的技能较高的时候，玩家就会感觉到无聊；而当挑战过高，玩家技能过低的时候，玩家就会产生焦虑的感觉。只有当较高的挑战和较高的玩家技能相互匹配的时候，心流才会实现。

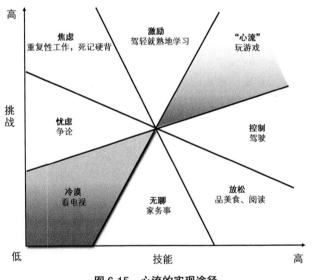

图 6-15　心流的实现途径

因此，心流理论指导游戏设计师们要设计与玩家能力相匹配的游戏。但是由于玩家水平参差不齐，设计师们便想出了各种办法，例如游戏本身具有自适应自学习的人工智能机制（参见第 7 章），使得游戏的难度会根据玩家的水平而自行调节。除此之外，非常炫酷的画面以及动听的背景音乐等元素也会帮助玩家尽快地进入心流状态。

涌现与沉浸

比较涌现和沉浸这两个词是非常有意思的。首先，从英文构词的角度来说，涌现（emergence）表达的是一种自内而外的出现或涌出，em- 这个前缀是向外的意思；而沉浸（immersion）则表达的是玩家通过外在的游戏过程或刺激，达到一种内在的心流体验，因此是一种从外到内的过程，im- 这个前缀表达的就是向内的含义。所以，涌现与沉浸仿佛是一个事物的两面。

事实上，涌现和沉浸存在着非常深刻的联系。我们知道复杂系统的涌现现象往往对应着微观的简单规则。而只有当规则被设计得足够简单的时候，这款游戏才更加好玩，玩家才更有可能沉浸其中。也只有当玩家能够自发涌现出一些玩法的时候，玩家才会更有掌控感，也才更容易进入心流的状态。

让我们对比《生命游戏》和围棋这两款游戏，也许能够获得对涌现与沉浸的更深层次的理解。首先，《生命游戏》与围棋都需要一个棋盘格世界；其次，这两者都基于简单的规则；最后，这两者在宏观都具有涌现现象。《生命游戏》中可以涌现出各种各样的花纹和图示；而围棋中则能涌现出各种各样的玩法。但是，《生命游戏》的演化历程不能让玩家参与其中，而围棋则必须要求玩家的参与才能往下进行。《生命游戏》更像是大自然自己跟自己玩的游戏，围棋则是由人的思考构成的涌现系统。

当我们目不转睛地盯住《生命游戏》所产生的画面与动态的时候，我们会情不自禁地沉浸其中，就好像是看一部精彩纷呈的电影，我们会吃惊于简单程序所产生的复杂性。当我们盯住围棋棋盘，思考演绎着各种可能走法的时候，《生命游戏》的模拟过程就仿佛在我们的大脑中发生，从而涌现出各种可能的棋局。与此同时，玩家的精神高度集中在棋盘世界上，甚至已然进入了棋我两忘的心流状态。

实际上，大自然就是一个大的游戏。正是因为它的涌现特征才使得我们所有人类，甚至所有的生命都会不自觉地沉浸其中。而对于人类游戏设计师来说，他们要向大自然学习，才能创造出可以产生高度沉浸感的好玩游戏。

• 6.4.2 游戏程序设计

除了精巧的游戏机制设计以外,一款制作精良的计算机游戏当然离不开计算机程序设计。随着目前游戏的制作规模越来越大,游戏程序设计也变得极其复杂,而且分工非常明确。显然,我们无法利用这一小节的篇幅讲清楚游戏程序设计问题。但是,在这里我们希望强调的是,从程序的角度来说,计算机游戏就是一个开放的虚拟世界。这样,随着 CPU 时钟的每一次嘀嗒跳动,这个游戏世界就运行一个仿真周期,游戏根据程序算法完成世界状态的更新。而游戏与模拟程序最大的不同就在于游戏允许玩家的输入和参与,因此,我们可以把游戏的逻辑内核看作一个简单的框图,如图 6-16 所示。

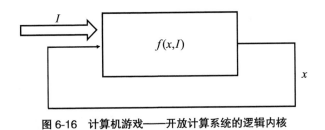

图 6-16 计算机游戏——开放计算系统的逻辑内核

每一个时间步,游戏程序根据用户的输入信息 I 以及游戏的状态 x 完成一次运算 $f(x,I)$,这个运算结果反映为游戏新一步的状态,而这个状态又会在下一步反馈给系统。游戏的进度就体现在每个周期的 x 变量的不同。而游戏的规则则体现为 f 的不同。通常情况下,f 必须用算法的语言进行表达:它往往包含了游戏逻辑、人工智能、物理模拟、图形渲染等功能。

从数学上看,游戏是一个开放的计算系统,这体现在玩家的输入信息 I 上面。从程序设计者的角度来说,由于我们无法事先确定用户如何玩游戏,所以 I 包含了不确定性。由于 I 代表的是玩家的游戏行为,所以这种不确定性显然与纯粹的随机噪声不同。我们将在第 8 章进一步讨论如何对玩家输入进行建模的问题,实际上这很有可能是一种量子过程。总之,无论计算机游戏的形式多么复杂多变,它的最小逻辑内核却是不变的。

6.5 游戏的未来

随着技术的发展、游戏设计理论的丰富，以及游戏化进程的不断加深，游戏即将迎来崭新的未来。

2016 年被称为是虚拟现实（Virtual Reality，VR）技术的元年。经过长年的蛰伏与积累，虚拟现实、增强现实（Augmented Reality，AR）技术已经突破了瓶颈，马上可以大面积地生产、面市了。Facebook 以 20 亿美元收购了 Oculus Rift（见图 6-17 左），Magic Leap 的视网膜显示装置抢尽了风头，微软推出了 HoloLens（见图 6-17 右），暴风在前几年就推出了暴风魔镜，《第二人生》虚拟世界再次迎来了全新发展机遇。随着硬件性能的提升和成本的下降，以及人工智能技术的迅猛发展，目前虚拟现实已经到达了一个突破口。

图 6-17　Oculus Rift（左）与 Hololens（右）

越来越多的报告指出，人们真的已然很难区分真实与虚拟了。下面我们通过"虚拟坑实验"一文 [10] 来体会这种已经来临的真实。

虚拟坑实验

《虚拟现实：从阿凡达到永生》这本著作中曾提到过一个叫作"虚拟坑"的经典实验。这个实验是证明虚拟现实逼真效果对人类影响的最好实例。即使对于虚拟现实技术的专家来说，他们也无法避免虚拟坑带来的恐惧。

在这个实验中，玩家会发现自己正在一个虚拟的房间中，突然间，一块地板像快速电梯般下降，露出了地板下的一个深坑，如图 6-18 所示。除了这个坑之外，一切都没有变。从坑边往下看，几乎所有人都会感到焦虑。然后，一个窄板出现，横跨在坑的两端，玩家被要求从上面走过去。通常，走的人都会变得恐惧，脚趾紧扣地面，手心出汗，摇头说"不"；就算够勇敢，能走过窄板，他们也会努力保持平衡。如果不小心"掉进"了"虚拟坑"，有人会大口气喘，有人会因恐惧而尖叫，有人会用膝盖着地以减轻着陆时的撞击，以致蜷曲身体摔倒在地板上，更有沉浸得更深者，会绝望地试图攀住"虚拟坑"的边壁来救自己一命，最终脸朝下扑倒在现实世界的地板上。

图 6-18　虚拟坑实验示意图

在此，我们不对虚拟现实技术做过多的讨论，我们要思考的是，假如真的无法区分真实与虚拟，我们的真实世界又会如何演化？让我们来做一次大尺度的未来学思考，今后的发展很有可能会经历三个不同的阶段。

6.5.1　现实虚拟化

首先，我们要先介绍一种与虚拟现实相仿的技术，即所谓的增强现实技术。这种技术与虚拟现实创造出一个完全与现实世界隔离的虚拟世界不同，它是通过光学成像或者全息影像等技术在现实世界上叠加一层虚拟景象，以使用户看到的是一个虚拟与现实的叠加混合体。

初音未来演唱会

2010 年 4 月一场名为"初音未来日的感谢祭"的演唱会在东京台场的 Zepp Tokyo 音乐厅举办，如图 6-19 所示。虽然现场的 2500 名歌迷挥着荧光棒呐喊着偶像"初音未来"[①]名字的行为和一般歌星演唱会别无二致，但这场演唱会或许是一场开启一个时代的行为：因为台上的这个唱歌的"偶像"以及她的"好朋友"不是真实的人物，而是由 3D 全息投影构造而成的虚拟形象，她们的歌声也都由软件合成。

图 6-19　初音未来演唱会现场

按照叠加的虚拟影像的复杂程度来分，增强现实可以分成至少两个层次。一种是在现实世界上增加一个人机交互界面。就像我们在很多科幻电影中看到的场景那样，戴上这种增强眼镜，我们眼前的每个事物都会有一个说明界面。第二层次则是叠加一套 3D 景象，就像 Magic Leap 公司的宣传片一样。如图 6-20 所示，鲸鱼就是虚拟景象，而体育馆则是真实景象。

① 初音未来（初音ミク/Hatsune Miku），是 2007 年 8 月 31 日由 CRYPTON FUTURE MEDIA 以 Yamaha 的 VOCALOID 系列语音合成程序为基础开发的音源库，音源数据资料采样于日本声优藤田咲。

图 6-20　Magic Leap 的增强现实效果

Magic Leap 公司

Magic Leap，增强现实公司，成立于 2011 年。Magic Leap 被誉为史上最贵概念公司，它们用短短的 4 年时间就使得该公司的估值已然超过了 45 亿美元（另有媒体称已经超过了 120 亿美元）[11]。

更令人惊讶的是，Magic Leap 展示给投资者的只有一堆代码，并没有成熟的产品。可以说，Magic Leap 是凭借着它们的"将魔法带入现实"的愿景而赢得了投资者们的信赖[12]。

那么 Magic Leap 凭借的技术手段是什么呢？原来，他们的杀手锏是用光纤向视网膜直接投射整个数字光场（digital lightfield）从而产生电影级的现实（cinematic reality）。它可以让人眼自动对焦，使得虚拟与现实生活高度一致。"这种体验既不是虚拟现实，也不是增强现实，而是一种三四十年后的计算技术。"Magic Leap 公司如是说①。

可以想见，在不久的将来，这种增强现实眼镜可能很快就会替换掉我们的手机而形成一种标配产品。因为增强现实说白了就是一种人机交互界面，而面对如此逼真的虚拟实境，以及更加丰富的肢体表达方式，我们宁愿放弃屏幕小且只能用手指交互的手机。

---

① 相关视频可以访问 Magic Leap 官网：http://www.magicleap.com/。

这种增强现实技术的普及将会造成两种后果。一种就是现实世界所叠加的那层虚拟世界将会越来越复杂，因为现实物品会被赋予越来越多的虚拟世界属性。再加上物联网技术的发展，未来万物将会与虚拟世界融合为一个整体。我们会看到一种从现实向虚拟的渐变。

另一方面，增强现实技术会大大助力"游戏+"进程的发展。我们在 6.3.5 节介绍了大量的平行实境游戏。但是那些游戏的一个弊端是都依赖于玩家将信息输入到电脑中，同时靠玩家的脑补来建立虚拟与现实的关联。一旦增强现实技术得到了普及，我们可能下载一套软件就可以自动将现实游戏化为一套好玩的游戏，从而使得人们可以在现实中得到快乐。

举例来说，未来的增强现实版《家务战争》将让玩家把马桶看作一个"怪兽"，干掉它的唯一办法就是把马桶打扫干净，然后增强现实硬件中的人工智能算法将马桶的清洁状态自发转变为得分，计入玩家的数据库。

我们也许可以将整个快递过程改编为一个真实的游戏，快递员邮递的包裹被增强现实包装成为宝藏，快递的过程就是在寻宝，那么所有人都可以在娱乐中工作了。

所以，在增强现实的助力下，真正的"游戏+"时代将不再遥远。

• 6.5.2　独立分散的游戏世界

就像智能手机的出现会拉动整个社会快速进入移动互联网时代一样，随着虚拟现实技术的普及，越来越多的初创公司将会致力于虚拟现实内容的打造，构建一个又一个独立的游戏世界，它们塑造了各式各样另类的真实。就像著名的网络游戏（虚拟世界）《第二人生》那样，人们将会沉浸在第三人生、第四人生之中。只要接入虚拟世界的消耗足够小，全方位抛弃现实生活，而完全生活在虚拟世界将不是问题。

《第二人生》中的第二人生

《第二人生》是美国林登实验室开发的一款大型 3D 社交类游戏（更严格说，《第二人生》是一个大型可交互的虚拟世界，因为在这个世界中，玩家没有明确的任务）。人们会乐此不疲地在这个虚拟世界中建造房屋，制备家产，甚至组建家庭。可以说，真的有人在《第二人生》中建立了他们自己的第二人生。

汤姆·波尔斯多夫（Tom Boellstorff）是一名人类学家，他为了了解《第二人生》中的人类，开始在此世界中采访了大量的人物，以及他们在《第二人生》中的第二人生，并且在此基础上，制作了一套名为"世界制造者"的系列纪录短片，用以展示这些人的虚拟生活。下面，我们就其中两个典型人物进行简要地介绍 [13]。

克里斯·莱曼（Kriss Lehmann）在《第二人生》中是一个白胡子驼背的老头，手持一根拐杖，如图 6-21 所示。他是这个虚拟世界中的一名默默无闻的园丁，他用 Photoshop 制作了各种土地的材料和充满艺术感的树。他的园丁梦起源于他的思乡病，原始森林始终是他记忆中的最美梦境。2008 年后，他在《第二人生》中开了一个商店，出售他设计的树和土地景观。莱曼在《第二人生》中开启了全新的生活。

图 6-21　克里斯·莱曼在《第二人生》中的化身

芭比（Barbie）的父母都患上了帕金森综合症，不久后父亲去世了，她就为 86 岁的身患重症的母亲在《第二人生》中建造了一座大房子，和她当年居住的房子一模一样。于是，她的母亲进入了《第二人生》，并选择了一个年轻漂亮的替身（如图 6-22 所示）开始了真正的第二人生。在《第二人生》中，她可以灵活地移动自己的身体，开心地和邻居们进行各种交往，这使芭比的母亲完全忘记了自己的病症。经过长时间的沉浸其中，现实中芭比的母亲竟然让自己的帕金森综合症得到了一定程度上的缓解。

图 6-22　芭比的母亲在《第二人生》中的化身

与第一人生一样，在《第二人生》中，每一个人都有着自己独一无二的第二人生故事。

也许你还在担忧，这样的生活方式会不会造成社会的混乱，那些沉浸在虚拟世界中的人会不会被社会所淘汰。这种担忧实际上是完全没有必要的。因为，从对人类的感官真实性的角度来讲，我们的现实世界并不比我们创造出来的虚拟世界具有更高的优先级。到了这个时候，我们会发现，由于这些高清晰的虚拟世界的存在，人类社会将会被分割成一个个独立的部落，例如《魔兽》部落、《三体》部落、《花千骨》部落等，同一部落的人们彼此紧密联系，不同部落的人则几乎没有共同语言。每个人沉浸的环境不同会造成完全不同的心理变化以及文化差异。未来的虚拟现实技术会以更快的速度推进这种文化分离的发生。

6.5.3　Matrix 的觉醒

然而合久必分、分久必合。当大量的虚拟世界都在独立运行的时候，由于计算资源的相对匮乏，而人类在虚拟世界中产生的交互和细节信息又会进一步产生大量的数据，因此人们就有动力将这些虚拟世界像我们目前的互联网那样连接起来，以整合发挥各种计算资源更大的潜力。因此，一个大型的、分布式的、持续而连贯的虚拟世界将会出现，我们不妨就叫它 Matrix（源自电影《黑客帝国》）吧。与我们熟悉的互联网类似，Matrix 是由大量的虚拟世界相互连通形成的，而在虚拟世界内部来看，这些连通拼接出了一个大型的世界版图，它甚至比我们所观察到的宇宙还要大，因为它的大完全是一种逻辑上的延伸。我们将体会不到，当我跨过一条虚拟河流的时候，实际上已经从美国洛杉矶的一台主机跳到了北京中关村的一台机器上。全世界大量的计算机分布式地促成了这个大型虚拟世界的存在。

如果我们将整个互联网比喻成一个全球大脑，那么 Matrix 就相当于这个大脑中的虚拟世界影像。其实，我们每个人所感受到的那个所谓的客观真实世界都是我们的头脑在千万亿个神经元链接之上形成的那个镜像虚拟世界，也就是说我们感受到的真实是在神经元之上的软件。与此类似，Matrix 就是全球脑层面更高层次的虚拟世界。所以，只有当这个全部连通、持续的大型虚拟世界出现的时候，全球脑才有可能真正觉醒。

6.6　小结

人类正在经历史无前例的历史变迁。因物质匮乏而导致的工业时代规则正在逐渐崩塌瓦解。然而由于大多数人尚未做好准备，这就导致我们的生活被没有底线地撕裂而变成碎片。深究其原因，正是在于我们尚未认识到推动整个互联网和人类社会不断进化的原始动力，以及我们应该如何应用这种动力。

正如本书始终强调的，新模态下的社会发展将会被人类的集体占意所驱动。占意的流动冲刷着所有的软件、硬件、社会系统中的牢固结构。而真正能够抓取人类占意的东西莫过于游戏了。每一天，成千上万的玩家都会把自己宝贵的注意力贡献给大型网络游戏。因此，游戏必将成为驱动整个互联网社会发展的主要动力。

总而言之，当互联网的变革进一步渗透到社会各行各业中的时候，游戏将成为一种新的独立力量。游戏的理念和设计方法将成为改造未来世界的重要动力。

参考文献

[1] 简·麦戈尼格尔. 游戏改变世界：游戏化如何让现实变得更美好. 杭州：浙江人民出版社，2012.

[2] Overmars M. A Brief History of Computer Games. https://en.wikipedia.org/wiki/History_of_video_games, 2012.

[3] Game：https://en.wikipedia.org/wiki/Game

[4] Flow (psychology)：https://en.wikipedia.org/wiki/Flow_(psychology)

[5] Gamification：https://en.wikipedia.org/wiki/Gamification

[6] Game mechanics：https://en.wikipedia.org/wiki/Game_mechanics

[7] Game balance：https://en.wikipedia.org/wiki/Balance_(game_design)

[8] 集智俱乐部. 科学的极致——漫谈人工智能. 北京：人民邮电出版社，2015.

[9] Tekinbaş K S, Zimmerman E. Rules of play. The MIT Press, 2003.

[10] 吉姆·布拉斯科维奇，杰米里·拜伦森. 虚拟现实：从阿凡达到永生. 辛江 译. 北京：科学出版社，2015.

[11] Magic Leap：http://www.magicleap.com

[12] http://www.leiphone.com/news/201512/Eia7eKEixHBidLOe.html

[13] http://mp.weixin.qq.com/s?__biz=MzA3NzA0MDMwNA==&mid=400559978&idx=1&sn=e9e4a7795f4c2a6f7ae de814185f7434&scene=23&srcid=1222KSAvkoTuv7UzUFZ2321M#rd

第 7 章

占意与人工智能

2016 年 3 月 15 日，备受关注的人机大战以机器的胜利宣告结束，最终 Google 旗下 DeepMind 公司的超级计算机 AlphaGo 以 4:1 的悬殊大比分赢了人类围棋世界冠军李世石。尽管早在 1997 年 IBM 的超级计算机深蓝就已经在国际象棋领域赢了人类冠军卡斯帕罗夫，但是这次围棋比赛的胜利仍然是人工智能历史上甚至是人类科技历史上的一次标志性事件。这是因为，人们长期以来一直认为围棋才是人类智力领域的最后一个堡垒，这不仅仅是由于围棋远超过所有棋类的复杂性——据称围棋的可能性棋局数量已经远远超过了宇宙中已知原子数量的总和，更是因为围棋的取胜需要的是直觉、洞察和大局观思维，而这些能力一直被认为是人类棋手最引以为豪的专长。然而，5 天的比赛让将近 3 亿的观众共同见证了 AlphaGo 这个超级人工智能机器可以通过自己的学习而产生远超人类棋手的大局观和"创造性"。于是，无数人开始惊呼：人工智能超越人类智能的时代真的到来了。

毋庸置疑，近年来人工智能技术取得了突破性的发展。2016 年的世界经济论坛报告指出，未来 5 年机器人和人工智能的崛起将导致全球 15 个主要国家的就业岗位减少 710 万个。所有这些数字无情地牵动着人们脆弱的神经。然而，这种源于工业化竞争性的思维定势并不能阻碍人类智能与人工智能的联姻与合作。事实上，人工智能越强大，人类占意①的力量越容易发挥作用。未来世界，人类只需要动动念头就

---

① 占意就是广义的注意，关于占意理论的详细讨论请参见本书第 3 章。

可以依靠强大的人工智能帮我们心想事成。

本章将探讨人工智能与人类智能的联姻。首先，我们会简要回顾人工智能的历史。人工智能已经进入了以学习为主的第二代人工智能阶段，并且深度学习技术在大数据和互联网的助力下已经逼近了人类两三岁小孩的智力水平。于是，人类与人工智能之间的关系也发生了改变，人类从使用者变成了人工智能的训练者；反过来人工智能也会大大促进人类集体智慧的发挥。而连接人类智能与人工智能的重要纽带就是人类的占意，随着智能程序的泛滥，人工智能将学会如何更加有效而合理地应用人类的占意这一宝贵的资源。"许愿树"、占意通货这些新鲜的人工智能应用将会应运而生。更有意思的是，人工智能将进一步向更具创造性的领域发展，自动游戏设计将会成为未来人工智能发展的一个重要方向。也许到了不远的将来，人工智能将会为每一个人量身打造一套超级好玩的游戏，让他们更加心甘情愿地将占意奉献给机器。于是人与机器的共同进化将会和谐地发生，人为机器提供了占意，而机器为人提供了可玩性。最后，我们将会探讨一个有趣的问题，人工智能可以产生自己的占意吗？如果产生了，世界又会发生什么样的变化？

7.1 人工智能

提到人工智能，人们可能最先想到的是《终结者》《机器人瓦力》《超能陆战队》等好莱坞大片中的机器人形象。然而，在日常生活中，很多人工智能产品并没有一个完整的类人形体，而是无形地融入到我们司空见惯的计算机、手机等智能设备中。例如，在购物网站上，你喜欢的产品会被购物网站猜到，而这个后台的猜测程序就是一套人工智能算法；在手机中，那个可爱的语音小助手也是一个人工智能；在你的电子邮箱中，那个帮助你过滤掉垃圾信息的管理器也是人工智能[1]。这些人工智能都没有完整的形体，而是仅仅模拟了我们智能中的一部分功能。

• 7.1.1 什么是人工智能

按照大多数人工智能研究者和教科书上的定义，人工智能就是一门研究如何设计智能主体（intelligent agent）的学科，这里的智能主体是指能够感受环境并采取行动以获得最大可能成功的系统 [2][3]，如图 7-1 所示。

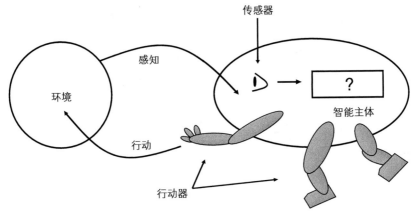

图 7-1　一个智能主体示意图

　　毋庸置疑，一个机器人是一个智能主体。但是，一个邮件过滤器也可以看作智能主体，这是因为它所感受的环境信息就是你邮箱中的邮件，它的行动就是拦截垃圾信息。所以，智能体其实就可以被看作一个黑箱，它接受输入信息，进行一定的计算，然后输出行动。人工智能研究的重点就是如何设计这个智能体。下面，我们就按照历史顺序介绍智能体设计方法的演进。

• 7.1.2　图灵机与计算理论

　　在历史上，第一个智能主体模型自然就是计算机理论之父阿兰·图灵（Alan Turing）设计出来的图灵机 [1] 了。尽管早在 1930 年的时候，图灵并没有真正把图灵机做出来，但是它的设计雏形却奠定了整个计算机科学乃至人工智能的基础。不论人工智能技术如何突飞猛进，这些智能算法都逃不出图灵机模型和计算理论 [4]。

　　图灵机是如图 7-2 所示的一个装置：一条无限长的被划分成离散格点的纸带，以及一个笨笨的读写头（方块）。这个读写头可以在纸带上来回移动，一次一格。格子上有两种可能颜色：黑或者白。读写头可以把当前所在格子的颜色涂改掉。读写头拥有一个指令表，在每一步，它都会根据自己当前所处的内部状态和指令表上的指令来移动或涂改当前纸带，并且改变内部状态。

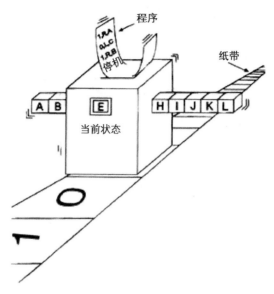

图 7-2　图灵机模型

纸带、读写头、内部状态、固定的指令表，所有这些要素就构成了一台图灵机。虽然这些要素都非常简单，但是它实际上是一种对现实人类智能的抽象。纸带可以看作我们人类所面对的信息环境，读写头则是人的大脑，读写头的内部状态则建模了包括记忆、情绪，等等在内的心智状态。最后，图灵机是用固定的程序规则来控制的，我们人类内部是否也有这样的规则表呢？这就很难说了，一方面，我们的大脑还是遵循数学、物理、化学这些规律的。但另一方面，我们至今尚没有办法证明人类思考过程必然可以或不可以看作一台图灵机。

更有意思的是，图灵机有能力模拟其他各种机器，包括我们手头上的笔记本、大型服务器的计算过程。到了 1937，人们提出了一个非常重要的猜测：是否任何有效的可计算过程（已发现的和未发现的）都可以用图灵机来模拟呢？这就是大名鼎鼎的**丘奇 – 图灵论题**（Church-Turing Thesis）。尽管没有理论上的严格证明，但经实践验证，它却是正确的。就目前来看，无论我们的计算机多么强大，无论它的工作原理多么迥然不同——如量子计算机、生物计算机、并行计算机，等等，它们无一不能被图灵机所模拟。

那么，如果把我们的大脑看作一台机器，它可不可以用图灵机来模拟呢？20 世纪 40 年代，图灵开始认真地思考机器是否具备类人智能的问题。他马上意识到这个问题的要点其实并不在于如何打造强大的机器，而在于我们如何界定智能，即凭什么标准而判断一台机器是否具备智能。于是，图灵在 1950 年发表的《机器能思考吗?》一文中提出了这样一个标准，即如果一台机器通过了图灵测试，则我们就认为这台机器具有了智能。那么，图灵测试究竟是怎样一种测试呢?

假设有两间密闭的屋子，其中一间屋子里面关了一个活人，另一间屋子里面关了一台"活"计算机——进行图灵测试的人工智能程序，如图 7-3 所示。然后，屋子外面有一个人类测试者，测试者只能用一根导线与屋子里面的人或计算机交流——与他们进行联网聊天。假如测试者在有限的时间内无法判断出两间屋子里哪一个关的是人，哪一个是计算机，那么我们就称屋子里面的人工智能程序通过了图灵测试，并具备了智能。

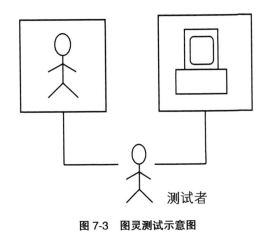

测试者

图 7-3　图灵测试示意图

实际上，图灵测试就是把人和机器都当作黑箱——一个输入输出系统，然后通过反复比较这两个黑箱所产生的输入输出对，从而判断哪一个是机器哪一个是人。图灵的这篇文章可以说是人类科学史上第一次从科学的角度对人工智能展开探索。

• 7.1.3　自上而下的人工智能

尽管图灵的思想在今天仍然熠熠发光，但是人工智能的真正诞生却是在 30 年后的 1956 年，当时约翰·麦卡锡（John McCarthy）、艾伦·纽厄尔（Allen Newell）、赫伯特·西蒙（Herbert Simon）等一批学者在美国汉诺威小镇举办了一场别开生面的学术会议，讨论计算机模拟人类智能的可能性。麦卡锡首先提议用"人工智能"这个词来概括他们共同关心的这个全新领域，于是"人工智能"（artificial intelligence）便从此诞生了 [2]。

早期的人工智能学者通过反省自己的头脑是如何工作的而获得对人工智能的洞察，然后再利用计算机程序把它模拟出来。比如，在下棋的过程中，我们就是根据当前棋局在头脑中搜索各种可能的"虚拟的"走法，从而决定该下在哪里。因此，人工智能下棋程序也主要靠可能的棋局搜索来完成。

所以，早期的这类人工智能属于一种自上而下的设计思路。这里面的"上"就是指人类的智能行为，"下"则是指具体步骤。也就是说，这类人工智能是根据结果反推原因的。

20 世纪六七十年代，人工智能研究虽然在机器定理证明、计算机博弈、逻辑推理、问题求解、专家系统等方面获得了很大的成功，但在知识获取、常识推理等方面却遇到了巨大的瓶颈。

• 7.1.4　自下而上的人工智能

人类可以通过反复的实验和摸索不断学习而变得更聪明，但是传统的人工智能却只能按照固定的程序来展开计算和推理。所以，只要环境稍微变化，自上而下的人工智能就很难奏效了。真正的智能体应该能够根据不同的环境而不断地学习。

于是，人们开始认真思考机器学习的问题。到了 20 世纪 90 年代，人工智能的两个新的学派诞生了：连接学派和行为学派。行为学派的研究目标主要定位在昆虫、动物等低等生物体的行为表现上，它们更加关注智能主体与环境的互动以及进化；而连接学派的思路则是通过模拟人类智能的硬件——大脑中的神经网络来实现智能。这两种思路都放弃了通过自我反省而模拟智能的方法，而是考虑构造一种机制，让我们期待的智能行为自发涌现。我们将这两种实现智能的途径称为"自下而上"的方法。

　　下面我们重点介绍连接学派。我们知道，人类大脑是由大约 100 亿个神经元细胞和 60 兆的突触（synapse）相互连接而成的一个复杂神经网络（如图 7-4 所示）。神经元之间可以通过发放电信号来彼此通信。所有的神经元层面的活动看起来是如此地简单，但令人难以置信的是，这个拳头大小、黏糊糊的物质根据这些简单的行为准则却能诞生出我们的思维和自我意识 [5][6]。

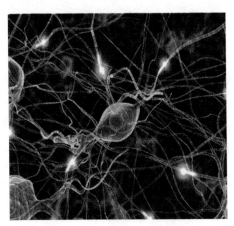

图 7-4　人类神经网络示意图

　　人工智能连接学派的思路就是放弃直接模拟宏观的智慧行为，而是在计算机上模拟微观的神经网络。在图 7-5 人工神经网络的示意图中，每个节点就是一个模拟的神经元，连线则是模拟突触。模拟的数字信号会沿着网络传播。神经元的激发、放电模式也可以用数学函数来模拟。于是外界信息从底下的输入层传递进来，沿着网络连接传播，最后在输出层输出信号。因此，神经网络也是一个智能体，有输入也有响应。

　　神经网络强大的地方并不在于此，而在于它有很强的学习能力。在这个网络上，每条连边都有一个强度大小，这个网络可以不断地调节这些强度，从而使网络在给定输入信息的条件下可以输出人们认为正确的信号。只要有足够大量的数据，训练足够长的时间，这些网络就总能调节到人们想要的那种状态。于是，整个神经网络的运转就分成了以下两个阶段。

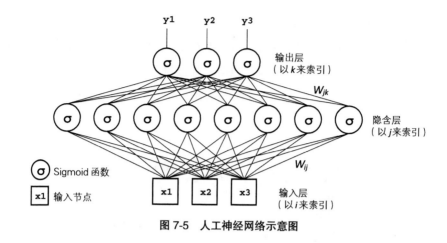

图 7-5　人工神经网络示意图

- 训练阶段：在这一阶段，我们将用大量的已有数据训练一个网络，即改变该网络各个边的连接强度。

- 运行阶段：将训练好的网络用在未训练的数据上，得到想要的输出。

一般来说，训练和运行这两个阶段是所有神经网络乃至机器学习都具备的重要环节。当我们调节不同的网络之后，人工神经网络通常能解决大量的问题，包括模式识别、图像分类、聚类、函数拟合、预测，等等。这种模型的好处是：你只要通过数据定义好你想要的输入输出，它就可以自动把它学出来。

尽管传统的神经网络具备如此众多的优点，它的学习、改进能力却是有限的。就拿模式识别问题来说，人工神经网络可能可以解决诸如手写数字、字母的识别问题，但面对复杂的人脸识别的时候，传统的神经网络相比较人类来说就相形见绌了。

• 7.1.5　人工智能的新进展

在 21 世纪的第二个十年，如果要评选出最惹人注目的人工智能研究，那么一定非深度学习（deep learning）莫属了。2011 年，Google X 实验室的研究人员从 YouTube 视频中抽取出 1000 万张静态图片，把它喂给 Google Brain——一个采用了所谓"深度学习"技术的大型神经网络模型，在这些图片中寻找重复出现的模式。3 天后，这台超级"大脑"在没有人类的帮助下，居然从这些图片中自己发现了"猫"。2012 年 11 月，微软在中国的一次活动中，展示了他们新研制的一个全自动的同声翻译系统——采用了深度学习技术的神经网络。演讲者用英文演讲，这台机器能实时地完成语音识别、机器翻译和中文的语音合成——深度学习完成了同声传译。2013 年，包括 Google、Facebook、微软、百度等各大 IT、互联网公司开始网罗深度学习人才，布局各自的人工智能战略[1]。2016 年 3 月 15 日，Google 旗下的 DeepMind 公司设计的 AlphaGo 人工智能程序通过深度学习技术学习了大量人类棋手的实战经验，与人类围棋冠军李世石展开了一场旷日持久的人机围棋大战，并最终以 4:1 的比分击败了人类冠军，从此人工智能又一次成为了举世瞩目的焦点。

1. 深度学习

那么究竟什么是深度学习呢？事实上，深度学习就是一种改良的神经网络模型。这种改良主要体现在更深的神经网络结构上（如图 7-6 所示）。出人意料的是，当我们将超大规模的训练数据喂给深度学习模型的时候，这些具备深层次结构的神经网络就可以摇身一变，仿佛成为了拥有感知和学习能力的大脑，表现出了远远好于传统神经网络的学习和泛化的能力。

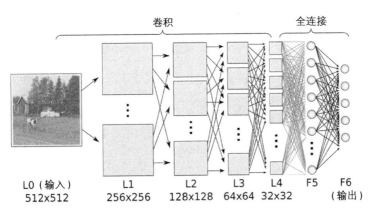

图 7-6　一个深度神经网络模型：深度卷积神经网络

深度学习又称为表征学习（representative learning），它可以自动学习描述物体的抽象特征。例如，当我们识别一张图片的时候，传统的学习方法通常需要人们对原始图片进行一定的预处理，例如边缘检测、图像分割等。而深度学习则可以将这些本来由人工处理完成的步骤全部自动化，深度网络会在数据中自动学习这些特征的提取方法。

如今，深度学习已经在图像和视觉方面取得了巨大的成功，例如机器的人脸识别能力已经达到甚至超越了人类水平。而在自然语言处理方面，尽管深度学习也有着广泛的应用，但尚没有达到人们期待的水平。不过，我们相信，随着技术的进步，机器能够听懂人话的那一天将不再遥远。

2. 深度强化学习

2015 年 5 月，著名科学期刊《自然》（*Nature*）上发表了一篇题为 "Human-level Control Through Deep Reinforcement Learning" 的文章 [7]。该文章声称，科学家们开发了一种深度神经网络，如果让这个网络像人一样从零开始反复地玩一款计算机游戏（如图 7-7 所示），它就会越玩水平越高，甚至远远超过人类玩家高手。

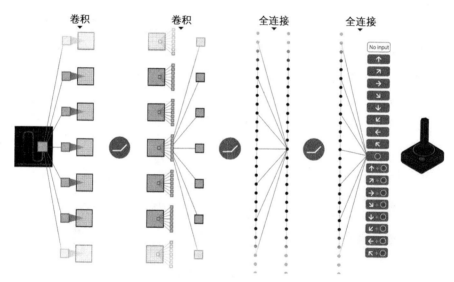

图 7-7　深度神经网络玩游戏的结构示意图 [2]

也许你会觉得在电脑游戏上机器胜过人类不算什么本事，因为毕竟游戏和玩游戏的程序都是程序。但是，请不要忘记，这个程序不仅会玩游戏，还会学习玩游戏。也就是说，当你给它一款全新的游戏，它也会通过反复的玩耍来掌握这款新游戏。更重要的是，这篇文章中的学习算法不需要将训练和测试分成两个明确的阶段，我们只需要让这个程序去玩，它就会自动掌握玩的技巧。这种在做中学习（learning by doing）的技术被称为强化学习（reinforce learning）方法——毕竟我们人脑的学习在大多数情况下是不区分训练和执行的。

3. 计算机博弈

博弈（下棋）是一种有趣的智力活动，一方面大多数棋牌游戏规则简单，人很容易快速掌握；另一方面，棋类游戏复杂多样，给人类智力带来了挑战与趣味。也正是基于这个原因，在人工智能刚刚诞生的时候，棋盘上的人机大战就已经展开了。

早在 1956 年的达特茅斯会议上，IBM 的计算机科学家亚瑟·塞缪尔（Arthur Samuel）就展示了一个西洋跳棋程序。这个程序当时就可以打败包括作者在内的一般跳棋新手。而更让人震惊的是，这个程序可以自己学习玩跳棋，所以它会越玩越聪明。据说，当年它达到的最高水平是可以战胜美国的一个州际冠军。

到了 1997 年，人工智能历史上的里程杯式的事件诞生了：IBM 公司的超级电脑深蓝战胜了当时的国际象棋冠军卡斯帕罗夫，这标志着单机人工智能可以战胜人类世界冠军。

然而，很多人并不买账。因为，深蓝靠的是自上而下的人工智能思路，通过蛮力搜索来战胜人类，所以与其说人机大战拼的是智力，还不如说拼的是计算速度。其次，国际象棋虽然难，但是它的难度却远远小于围棋。围棋的搜索空间要比国际象棋大得多，所以计算机很难通过暴力搜索而战胜人类。于是，围棋成为了人类保留高贵智力尊严的最后一块阵地。

然而，2016 年 2 月，Google 旗下子公司 DeepMind 研制的人工智能程序 AlphaGo 在围棋棋盘上完胜了人类欧洲冠军樊麾，并于 3 月份又以 4:1 的大比分战胜了人类世界冠军李世石[8]。从此，人类智力的最后一块阵地也沦陷了。更让人吃惊的是，AlphaGo 所采用的人工智能技术并不是按照传统的暴力搜索，而是像人一样进行大量的学习。一方面，AlphaGo 学习了大量的人类专家的棋谱，从而建立了快速的评估算法；其次，AlphaGo 还与自己的副本进行了几百万次的比赛而完成自我学习。所以，我们可以说，AlphaGo 的智力是它自己学出来的。更有趣的是，AlphaGo 的应用并不一定局限于围棋，采用类似的学习方法，它也可以完成其他的复杂任务。

AlphaGo 具有这么强的学习能力，这与它采用了最新的深度学习技术是密不可分的。一方面，利用深度卷积网络，它可以像人一样利用感知能力去分析棋盘的形态；另一方面，采用类似于计算机学习打游戏的例子中的强化学习技术，它可以在实战中快速学习经验从而提升自己的能力[9]。AlphaGo计算原理如图7-8所示，其中，左为走棋网络（Policy network），右为估值网络（Value network）。

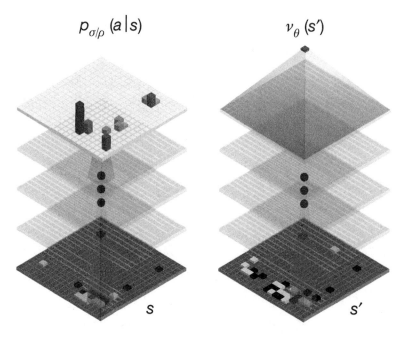

图7-8　AlphaGo计算原理示意图

　　在深度学习技术的支持下，AlphaGo可以仿照人类棋手，一方面根据已有的专家经验而快速行动（通过学习大量的棋谱来训练走棋网络），另一方面也会根据强化学习而评估每一步的走法（通过自己跟自己玩来训练估值网络）。最终，AlphaGo以4:1的成绩大胜世界冠军李世石。

4. 智能时代的来临

　　随着人工智能最新技术的普及，以及硬件性能的大幅度提升，人工智能产品将会快速地占领市场。很多人已经预言到一个全新智能时代即将来临。到那时，人工智能将被嵌入到每一个软件或者硬件之中，而且这些产品也会变得越来越廉价。于是，智能将无处不在。由于人工智能可能即将替换掉目前部分白领的日常工作，而购买一个人工智能产品的价钱要比雇用一个白领工人的工资便宜得多，因此，这就有可能导致大量的白领工人面临失业。事实上，2016 年的世界经济论坛报告就已经指出，未来 5 年机器人和人工智能的崛起将导致全球 15 个主要国家的就业岗位减少710 万个。这无疑牵动着人类脆弱的神经。

人工智能正处在一个大爆发的前夜。一方面，曾经的人工智能需要人类为其提供海量的数据供其学习，而以 AlphaGo 为代表的新一代的人工智能产品已经可以通过"左右互搏"不断提高自身的能力。从"占意理论"的角度来看，AlphaGo 似乎已经可以自己实现"占意"，不断沉浸在心流中。这暗示我们，随着人工智能的发展，人工智能应该不能只满足于人类所提供的数据和训练，还可以主动进行数据挖掘、统计分析、博弈、自我训练。另一方面，随着神经网络深度的增加，曾经长期被人类棋手引以为傲的"直觉"也已经开始被机器所模拟，因此我们有理由相信，在类似的框架下，还有许多抽象的、感性或理性的、容易或难以定量刻画的人类活动，都可能被机器所替代。

可是，人工智能还有很多没能完全解决的问题。不难想到，在未来，高速运算的人工智能会成为所有领域、所有行业乃至人类所有活动的标配，而这样的市场杠杆很可能带来两个重大的影响：一方面，人工智能产品及服务的价格与相应产品的能源消耗之比会不断降低。在这种情况下，虽然可能有了许许多多的新能源可以被人类所利用，但能源的开发和利用速度已经开始渐渐赶不上计算能力和人工智能的发展。另一方面，人工智能的重复性建设问题也会逐渐暴露出来。是否有可能把原先只能用于某一问题的人工智能程序加以改造使之更具通用性？这些通用性的程序是否可能成为人工智能领域的"公共设施"？这将成为智能时代的人类面对的另一堆问题。也就是说，即使已经有了各种各样的人工智能系统，人类还是必须在运算速度、存储能力、通用性、能量消耗以及安全性等诸多因素间做出某种权衡和取舍，就像几百万年来的自然选择对人类所做的那样。

这时，人类重新回望自己的躯体，才发现自己真正的骄傲在于能耗极低而通用性、适应性极强的大脑。尽管现代都市白领的 80% 的工作都可能会被人工智能所取代，但是，一旦这一天真的到来，那些失业的人一定会很快找到全新的、机器尚无法替代人的工作，并且很快能学习和适应这些工作。有人指出，这样的新型工作可能更具创造性，因为机器是不可能具备创造性的。机器能否具有创造性我们暂且不去讨论，但是有一点是值得肯定的，人是一个占意之源，可以什么都不做，只是付出自己的注意力来玩机器。按照我们的观点，人的占意资源相对于机器世界就是一种"能量"。因此，即使人类什么都不做，只要去关注、使用机器就可以创造价值了（请参考第 1 章卡斯特罗诺瓦对大型网络游戏 *Ever Quest* 所做的研究）。因此，**未来必定会来临，人自有人的用处**。

展望未来是人类的一个奇怪的癖好。或许未来的人工智能也会沾染人类这样的怪毛病。愚蠢的人类对未来的预言能力其实一直很差，直到未来的预言者真正参与到未来的设计和建设中。是好的工程师、设计师、科学家和资本家一起定义了我们的未来。福特曾经说"消费者只会希望要有更快的马"，的确，消费者盲目而短视，真正能预言未来的，正是福特这样伟大的发明家，因为他本人已经参与到了未来的设计中。从这个意义上而言，人工智能如果能预言自己的未来，那么它很可能就已经参与到人工智能系统的设计中。我们愿意相信，人工智能将能看到它自己未来的发展前景。

7.2　人工智能与人类智能

尽管人工智能发展迅速，但迄今为止，人工智能尚无法完全取代人类智能。于是，当我们面临各种复杂问题的时候，一种最聪明的做法就是将最先进的人工智能技术与目前最聪明的人类智能结合起来，以更好地发挥各自的优势。因此，本节我们将重点讨论人工智能与人类智能的各种结合方式。

深入这个问题，我们会发现人与机器的结合存在着两种不同的途径，一种是以人工智能为核心，人起到辅助性的作用；而另一种则是以人为中心，人工智能起到辅助的作用 [10]。事实上，近些年随着人工智能和集体智能、众包、人类计算等学科的发展，这两种途径都有了长足的进步，下面我们将分别展开讨论。

• 7.2.1　游戏助力人工智能

人工智能是人造出来的一种智能程序或者机器，因此它必然需要人的助力。但是，这里我们所说的人的助力并不指给计算机编程序，而是指在程序交付使用之后，通过用户的使用而改进程序。

人工智能需要大量的训练数据，这种数据从哪里来呢？答案是通过人！人能够产生训练数据来让机器学。这就相当于人类教程序认字、学说话。但是，没有人愿意浪费大量的时间来教机器，怎么办呢？答案是：游戏。下面我们来看一个具体的例子。

现如今，人工智能自动驾驶汽车已经不再是神话，甚至 Google 已经让自动驾驶汽车奔跑在了真正的高速公路上。然而，这并不是说自动驾驶技术已经发展成熟。它的一个很大的问题是，自动驾驶程序需要大量的训练数据输入才能应付各种情况，特别是一些特别道路的边缘情况，这为安全带来了一定的隐患。

为了避免这个问题，斯坦福大学的普拉纳夫·拉普卡（Pranav Rajpurkar）及其团队发明了一种方法可以为人工智能程序提供特殊情况的训练数据。他们开发了一个网页版的三维游戏 Driverseat（如图 7-9 所示），来展现自动驾驶汽车所看到的真实环境，然后让玩家来玩这个游戏，并纠正程序可能犯的错误[11]。程序可以通过扫描眼前的图像从而识别出各种景物，特别是道路的边缘和标识线。但是，现在的神经网络由于缺乏各种特殊情况下的训练数据，因此并不能正确识别出所有道路的边缘。这样人的任务就是要帮助神经网络纠正错误，帮它在犯错的时候正确标识出边缘。

图 7-9　Driverseat 的三维用户界面 [11]

通过这个游戏，普拉纳夫·拉普卡团队获取了大量的用户占意资源，并生成了大量的标签数据，来帮助神经网络训练。最后，这个名叫 Driverseat 的深度神经网络终于在大多数场合下达到了人类驾驶的水平。

进一步，现在的人工智能程序在很多领域，例如人脸识别、物体识别等已经达到甚至超越了人类的智力水平，但是在熨衣服、做饭等人类非常擅长的领域却仍然相形见绌。其中最主要的原因就是这些非标准化的任务并没有形成大量的训练数据，而这一数据的获取是非常困难的。那么，我们是否可以仿照这个自动驾驶的例子，通过游戏化的方式来搜集大量的训练数据呢？

• 7.2.2 人工智能助力众包

人工智能可以帮我们解决各种问题，在这里，我们将重点集中在利用人工智能来助力人类群体智能：众包。目前，随着大规模的众包以及人类计算项目的诞生，人们已经开发出了一些成型的人工智能技术来辅助众包。

这主要包括以下 3 个方面。

- 对众包参与者的评估与选择；
- 对众包组织流程（workflow）的优化设计；
- 自动化组队。

我们知道，众包就是要利用人类智能来解决问题。现在，随着亚马逊的土耳其机器人市场的成熟运作，人们已经将招募众包参与者的流程正规化。这时，一个重要的问题就是如何对众包的参与者进行质量评估，并根据这些评估来分配不同的众包角色。以往，由于我们无法预判一个人在实际工作中的表现，所以只能在事后做出评估。然而这一过程显然费时费力。于是，人们想到了利用机器学习技术辅助对参与者的评估。具体的做法是：首先我们要用一堆参与者作为样本来训练一个神经网络。输入的信息就是每个人的基本特征以及回答调查问卷中的简单问题，普遍采用的方法就是用一些所谓的标准化问题（gold standard）来做问卷调查。输出就是这个管理者对此人的评价打分。神经网络要学习的就是这些输入输出对。训练好了之后，这个神经网络就可以通过读入一个参与者的问卷信息，从而给出此人可能的工作表现。[11]

第二类问题是众包组织里流程的优化设计。我们知道，很多众包任务都需要多人相互协作，并且是多阶段的任务。例如，字幕组的工作就可以由翻译和校对两个步骤构成。这就要求众包实施方应该合理地安排流程，从而达到效率和成本消耗的最优化。目前，结合机器学习以及人工智能优化方法，人们已经设计出了很多成型的系统。[11]

最后一类有趣的问题就是众包团队的组建工作。我们知道，集体的力量只有在成员相互协调配合的条件下才能真正发挥出来。同样，在众包实施的过程中，团队的组建非常重要。面对一个任务，我们应如何进行工作分解，将适当的人组织成团队，并使每个团队都能领取合理的任务，这一点是非常重要的。参考文献[12]就讨论了面对一个给定的众包任务，我们应当怎样进行团队建设的问题。其基本思想仍然是将团队建设看作一个最优化问题。其中，优化的目标是团队两两成员之间的亲和度（affinity）以及团组之间的关系。这种亲和度需要根据每个成员的特征来进行计算，而特征的获取也可以通过调查问卷的方式进行。这样，只要众包任务和人员范围明确，人工智能就能自动计算出合理的团队组合方式。[12]

• 7.2.3 为全球脑编程

现如今，无论是人脑智能还是人工智能，都得到了大力的发展，而且二者之间的相互联系以及相互配合也变得更加深入了。因此，整个互联网都是一个人和机器相互连接的整体。它们既不是纯粹的人类的集合，又不是纯粹的机器的集合，而是两种的混合体。人们将这样的人和机器通过互联网相互联系而形成的有机整体称为全球脑（global brain）。如何为这个全球脑系统写程序，从而让它来帮助我们实现目标，是一个意义重大的崭新问题。[13]

为全球脑系统编程有很多成功的案例，比如维基百科、人类计算系统等，当然更多的是不成功的案例。我们应该如何从这些成功经验中总结出规律呢？首先应当明确这个全球脑人机结合系统所具备的特性以及可以指导我们进行思考的隐喻。我们可以将全球脑比喻成：想法的生态系统、相互依赖的网络、智力的供应链网络、协作型思考组织、具有超级流动性的虚拟组织、多人游戏，等等。无论哪一种隐喻都可以教会我们用全新的视角看问题。[13]

然而，当我们从信息、想法、知识等概念的角度看待问题的时候，实际上已经忽视了它的背景，这就是注意力。从本质上讲，**人类的占意是整个全球脑系统演化的动力之源**。因此，若要更好地理解全球脑的性质，以及如何应用于实际问题，就必须更好地理解人类占意流的驱动作用以及和人工智能的关系。这一关系我们将在下一节讨论。

7.3 面向占意的人工智能

本书反复强调的一个观点就是占意是一种重要的资源，是它推动了整个机器世界的进化。人工智能作为目前最先进的工程技术，应该面向更加充分、有力地运用占意资源来发展。下面我们就讨论几种人工智能在这方面的可能应用。它们有的是已经实践的项目，如过滤器、自动游戏设计；有的则是尚未实现的设想，如"许愿树"、占意通货、自动游戏化。

• 7.3.1 过滤器

当人们逐渐从信息时代过渡到注意力时代的时候，面对的一个首要问题就是降低过渡的信息对我们注意力的干扰和破坏。因此，运用人工智能技术开发出一系列的过滤器就成为了当务之急。

事实上，现在的人工智能已经在过滤器方面取得了很大的进展。例如，个性化推荐系统就是一种典型的过滤器。当我们作为匿名用户登录淘宝或者豆瓣等网站的时候，我们所看到的内容会非常地大众化、流行化。而当我们输入用户名和密码再次登录同样的网站，则会看到完全不一样的界面，其中展示的商品多是跟用户长期以来已购买的商品类别有关的个性化推荐产品。实际上，现在的各大电子商务网站背后都有一套非常强大的个性化推荐引擎，这套人工智能程序会根据用户以往的浏览行为数据而产生过滤规则，自动帮助用户筛选信息。过滤器就是在利用用户的占意流来优化系统自身（详情可参考第 2 章）。

下面我们看一个信息过滤的例子，"闲鱼"这款应用是淘宝旗下的一款手机端交互式产品，它可以利用一种类似于 Biomorph 程序（参见第 1 章）那样的方式进行个性化信息过滤。如图 7-10 所示，从左到右是一个用户在浏览该网站的时候所顺序看到的 4 个不同的界面。如果仔细看界面中展示的商品内容就会发现，随着用户不断地点击下一页，系统推送出来的产品会越来越符合用户的兴趣。例如最左侧的图展示了包括电源线和鞋等不同种类的用品；第二张图是用户点击了自己喜欢的笔记本电脑产品的页面，于是系统感受到了这种变化，并利用人工智能程序进行了学习，推理掌握了用户的兴趣所在；到了第三页则仅仅展示诸如 Wi-Fi 接收器等硬件产品；而最后，页面停留在苹果手机配件上面，这可能恰恰就是用户想要的商品。通过强大的人工智能算法进行信息过滤，闲鱼这样的产品会给用户一种随心所动的体验，故而吸引了大量的关注。

图 7-10　闲鱼 App 的个性化过滤

现在我们几乎已经被各式各样的人工智能过滤器所包围，搜索引擎就是一种过滤器，它通过关键词把超大规模的无用信息过滤掉；排序算法也是一种过滤器，它可以把重要而相关的网页排在前面；反垃圾邮件也是一种过滤器，可以挡掉信息的干扰……可以说，有信息的地方就有过滤器，它保护了我们的占意资源。然而，过滤毕竟是一种被动的操作，我们有没有可能让我们的占意主动地发挥作用呢？

• 7.3.2 占意通货

既然人类的占意流相当于机器世界中的"能量"流，那么，人工智能的一个重要本领就应该是对人类的占意进行感知和充分利用，但目前人工智能做得并不好。

实际上，现在除了眼动仪和脑电技术以外，我们尚没有更好的度量人类注意力的方法。与此形成鲜明对比的是各式各样的传感器技术在突飞猛进地发展着。虽然这些传感器可以帮助我们获取各式各样的数据，但是它们却忽略了最重要的东西——人类的注意力。

就好像人类的眼睛是沟通的窗户一样，只有当彼此目视对方，并把注意力投射到对方身上的时候，信息交换效率才会最高。同样地，现在的人工智能也缺少这样一扇窗户，它应该可以敏锐地感应到人类投射的注意力，并且将这种占意内化成一种自身的推动力。

人工智能不仅仅要捕获人类的注意力，更要将这种占意转化成一种可以在内部流动的资源。这就好像我们要在程序系统中建立一整套货币市场机制，从而将占意进行定量化表示。这样，用户将占意投射到程序上，就会把这样的占意进行符号化，形成程序所拥有的货币。进一步，各个程序在交互的时候也可以将占意货币来进行买卖和沟通，形成复杂的生态系统。那些拥有更多占意通货的程序将在系统中具有更大的权威性，并能指挥其他的小程序为它做事，否则丢失掉占意通货的程序就应该自发死掉。

让我们举个例子来说明这种机制。现在计算机中的文件系统是非常死板的，它不会随着我们的使用而自动改善。假如那些获得更多关注（点击）的文件夹会放在前面，经常不使用的文件会自动被删除，那么，也许这样的系统使用起来会更方便。这样的人工智能系统将有可能更有效率地利用人类的占意资源，从而更好地服务于我们。

• 7.3.3 从智能代理到"许愿树"

正如占意理论所提到的，占意除了包含对外界的狭义注意以外，还包括对内在意愿的关注。意愿对人的作用是非常重要的，因为，从本质上说，人类恰恰是由各种意向、动机、愿望驱动的。如果把握住了人类的意愿，人工智能可以成功地占领人类的意识空间。

尽管道克·西尔斯很早就提出了意愿经济理论，但是目前的工业界对人类的意愿至今仍然不够重视。因此，如何充分利用人工智能技术，发挥人类的意愿作用就是人工智能所面临的一个重要问题。

道克·西尔斯曾指出，智能代理技术将有可能大力促进意愿经济的发展。苹果的 Siri、微软的小冰，都是现在已经面世的智能代理产品，尽管它们仍然十分初级。这些产品可以通过人机对话的方式了解每一个客户的需求，从而为他们提供个性化的服务和帮助。

未来，由于人类的意愿将会变得越来越重要，因此，智能化代理技术将围绕着人们的意愿展开。智能代理可能是个性化定制的机器人，也可能是某种智能软件。它一方面可以非常流畅地与人打交道，另一方面则可以沟通整个互联网为用户查找信息资源。因此，智能代理将可能成为人与网络交互的门户。

在古老的神话故事中，存在着一种神奇的树，你只要对着这棵树说出你的愿望，无论该愿望是什么，它总是可以帮助你达成心愿。

从人工智能的角度来说，愿望的实现过程其实就是一个复杂问题的求解过程，所以这恰恰是人工智能擅长的领域之一。在未来，智能代理技术将有可能演化成类似"许愿树"一样的应用，使用者只需要对它说出自己的愿望，该应用就可以调用一系列人工智能算法，将此愿望分解成一系列小问题，然后一个个地求解，最终帮助用户达成心愿。这听起来似乎是天方夜谭，但是我们不应忘记，技术的发展是指数性的而不是线性的。因此，在不远的将来，比特和原子世界将会被打通，人工智能的问题求解也可以创造出原子世界的真实事物。于是，许愿树就可能不再是神话。

• 7.3.4　自动游戏设计

要让人工智能更好地利用人类的占意资源，最高的境界莫过于让人类沉浸在一个人工智能游戏中，并促使人在与机器的互动中产生心流。既然人和机器是一个共生进化的关系，那么如何借助人工智能，让机器自发地设计出好玩的游戏，就是一个非常实用也是非常有挑战性的问题。因此，我们将花费较多篇幅介绍人工智能自动生成游戏和设计游戏的研究。

自动化游戏设计（automatic game design），或者叫作自动游戏生成（automatic game generation），目前已经成为了人工智能热门而前沿的领域 [14]。从更大的分类来说，自动游戏设计隶属于计算创造学（computational creativity）[15]，这个领域专门研究如何用机器算法的方式来生成人认为具有美感的东西，包括图形、音乐、诗歌，等等。游戏被认为是第九种艺术，因此也可以用算法的方式来生成。与自动程序设计不同的是，自动游戏设计除了能自动生成游戏程序以外，还需要有一定的标准和方法来评价游戏是否好玩。下面，我们就从这两个角度出发分别进行讨论。

1. 游戏元素生成

与其他的人工智能任务不同，游戏设计是一个非常复杂的问题，这是因为可能的游戏空间太大了。比如，拿游戏类型来说，就存在着回合制游戏、第一人称游戏、即时战略游戏等不同的类别。而各个类别之间的差异是如此之大，以至于我们很难找到统一的方法来生成和设计所有这些游戏。因此，我们需要分不同的层次来讨论游戏自动生成。有的程序是从游戏机制的角度来进行自动设计的，这是最宏观的层面，因为同样的游戏机制可以对应不同的具体游戏规则和参数；有的是从游戏规则层面来设计的；还有的是在游戏关卡层面；最后是游戏参数层面——这就是比较微观的了。下面，我们来看几个自动游戏设计的例子，以方便我们更好地理解这套方法。

卡梅伦·布朗（Cameron Browne）在他的博士论文 [16] 中探索了一种自动化游戏设计的方法。他开发了一套叫作 Ludi 的自动游戏设计系统，以生成各种类似于围棋或五子棋的棋盘游戏（如图 7-11 所示）。在这个系统中，他用一套自己设计的 Ludi 语言来描述游戏的规则，然后利用遗传编程技术自动对不同的游戏进行搜索寻优。评价游戏可玩性的标准包含两个层面，一个是算法自动计算的所谓的"美感"的指标，另一种是让玩家实际地去玩游戏从而进行评价。结合算法和人的评价，Ludi 可以自动设计出很多种黑、白棋盘游戏。

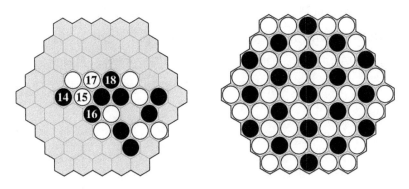

图 7-11 Ludi 自动生成的基于六角格的棋盘型游戏 [16]

尤利安·托格里斯（Julian Togelius）和尤尔根·施米德胡贝（Jurgen Schmidhuber）两人提出了一套自动设计类似《吃豆人》（*Pacman*）的二维平面游戏系统 [17]（如图 7-12 所示，其中浅蓝色的圆圈为玩家，其他圆圈为各种类型的 NPC）。该系统可以在固定的框架、地图，以及 NPC 的数量和种类的前提下自动调整游戏的规则。这主要体现在玩家与 NPC（人工智能角色 Non-player character），以及 NPC 与 NPC 之间在碰撞的时候所能发生的各种可能反应，以及玩家如何积累分数。他们两人尝试了很多新想法，比如，在对游戏可玩性的评价上，他们的策略是通过训练一个人工神经网络作为模拟玩家，然后通过让这个模拟玩家自己玩游戏，从而评价出游戏是否好玩。

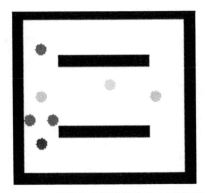

图 7-12 一种被自动设计的游戏（另见彩插）

内森·索伦森（Nathan Sorenson）和菲利普·帕基耶（Philippe Pasquier）则讨论

了一种游戏关卡设计机制，来专门针对《超级玛丽》这样的二维游戏进行自动设计[17]。他们的基本思路并不是演化游戏机制或者游戏规则，而是游戏中的关键因素：跳跃坑的宽度以及坑两边平台的宽度，如图 7-13 所示。这是因为在类超级玛丽游戏中，跳跃是难度最高的动作，它直接决定了游戏的可玩性和难度，因此他们选择了这个目标来优化。

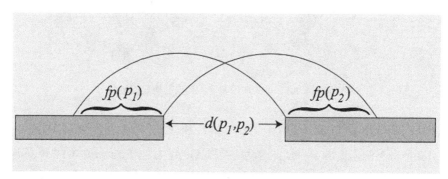

图 7-13 自动关卡设计所考虑的优化元素

当然，以上几个例子都是一些非常简单的平板或者二维游戏。在实际应用中，面对各种复杂游戏类型的自动设计、自动生成方法也有很多探讨。人们最常采取的策略大多是针对游戏的局部进行自动设计或生成，而不是针对整个游戏，这样可以减少一定的难度。

2. 可玩性评价

当有了游戏元素之后，我们还需要一种可以评价这款游戏是否好玩的标准，否则人工智能的演化与计算将失去目标。可玩性是计算机游戏业的一个术语，它是指游戏能够为玩家提供的快感，也就是软件工程师经常说的用户体验。只有不断地提高用户体验，才能使人对机器的黏性不断地增加。

从实际的角度出发，我们可以有以下三种衡量游戏可玩性的方法。

- 可玩性度量：直接设计一些评价指标，在没有人玩游戏的情况下，计算这些指标并对游戏作出评价。

- 玩家行为数据：通过记录人类玩家玩游戏的过程，运用这些用户数据来对游戏进行评价。

- 玩家直接反馈：直接根据玩家的即时反馈来对游戏进行评价。

(1) 可玩性度量

这种衡量方法不牵涉到人，因此是一种最经济的方法，但是它的难度也很高，这是因为可玩性本身就是一个主观概念。

对于好玩与乐趣这个概念，心理学家们已有很久讨论了。幸福心理学大师米哈里·奇克森特米哈伊所提出来的心流理论就是一个很好的起点（详情请参考本书第 6 章）。在游戏体验中，一个真正好的游戏机制及其规则是可以促使人类玩家快速进入心流体验状态的。因此，佩内洛佩·斯威策（Penelope Sweetser）和佩塔·韦思（Peta Wyeth）两位游戏设计师提出了游戏心流（GameFlow）的概念[19]，从而引进到游戏设计之中。

但是，博特·科斯特（Both Koster）等人认为心流概念更加适合评价游戏体验，而不是针对游戏机制和规则进行评价[20]。因此，他们在"关于好玩的理论"（Theory of fun）中指出，好玩性实际上是玩家对问题的一种掌控，只有当问题的难度刚好与玩家的技巧相匹配才是真正的好玩。因此，游戏的过程可以看作一种玩家学习的过程，只有当每一个时间点玩家都能够成功学习到新的技巧和经验才会体验到快乐。好的游戏是那种一分钟就能学会，但是要花一辈子才能真正玩好的游戏——比如围棋。

尤尔根·施米德胡贝则从另一个角度来理解游戏的可玩性，这就是惊奇性（curiosity）[21]。他在惊奇性理论中指出，玩家会倾向于处在那种具有某种可操控的规则性环境中，虽然玩家现在不知道，但是通过学习很快就会掌握它。如果把玩家看作一个预测器，那么这个预测器如果能够越来越好地预测输入的数据流，玩家就算是得到了回报。所以，玩家会持续地探索那种能够产生"有趣"序列的环境，从而最大化它自己的预测能力。这种惊奇性理论的另外一种优势是可以用定量的方法来衡量游戏是否好玩，并已经应用到了很多案例中。

(2) 玩家行为数据

第二种衡量方法是利用玩家在使用（玩）过程中留下的数字痕迹，从而利用大数据分析的手段来对游戏的可玩性以及改进进行评价。基于这种大规模玩家数据分析的方法目前已经相对成熟，读者可以参考《游戏数据分析的艺术》[22] 一书。另外，我们在本书第 3 章提出来的占意流网络也可以作为一种分析用户行为的手段，它的特点是可以从宏观统计的视角对大规模的行为进行分析。

(3) 玩家直接反馈

尽管前两种方法应用都很普遍，但是它们并不能真正反映出玩家的主观体验。可玩性本身就是一个主观概念，因此，判断一个程序是否具有可玩性或良好使用体验的最终标准就是人的反馈。通过获取用户反馈，并结合强大的人工智能、机器学习算法，我们可以改进甚至设计出越来越好的程序或游戏。这种基于最终用户反馈的自动游戏设计系统的框架如图 7-14 所示。

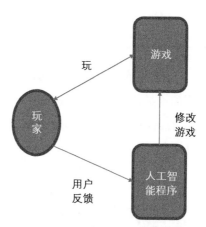

图 7-14　自动游戏设计系统框架

不难看出，实际上第 1 章中的 Biomorph 程序就是上述框架的一个好例子。只不过在 Biomorph 中，设计的对象不是一款计算机游戏，而是一张漂亮的图形。所谓的对于"好玩性"的评价也被取代为更简单的"看起来好看"这样的标准。整个生物体形态的形成以及修改都是依从遗传算法完成的。可以说，Biomorph 程序提供了一个未来游戏自动设计行业的最小原型。

在面对程序自动设计的游戏时，玩家的反馈往往在最后阶段给出——即玩家需要认真体验整个游戏环节才有可能给出相对完整的反馈，因此我们获得的反馈数据往往是比较稀疏的。这就出现了一种反馈数据稀缺性和要改进的游戏机制、规则、内容等复杂性之间的矛盾。这个问题也许可以通过人工智能中的强化学习方法来解决。

我们在 7.1 节介绍了 DeepMind 公司设计的计算机程序学习打游戏的例子，它就是通过结合深度神经网络技术和强化学习技术来学玩各种游戏的。那么，我们也可以反其道而行之，即训练一个神经网络来学习玩家面对各种不同游戏的动作表现，以及玩家最终关于游戏好玩与不好玩的评价，从而使机器可以学习出一个能够像人一样打游戏，并能够判断出游戏好坏的神经网络出来。然后再让这个神经网络来评价各种游戏的可玩性。具体思路如图 7-15 所示。

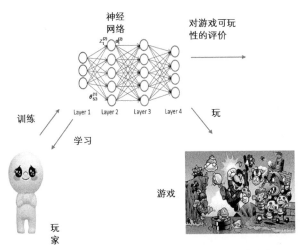

图 7-15　通过玩家反馈训练神经网络以进行自动游戏设计

事实上，我们前面提到的二维平面游戏系统 [17] 已经采用了类似的方法，只不过它所利用的用户反馈信息相对少一些而已。总而言之，未来人们将会设计出可以评价游戏可玩性的人工智能程序，而且人在其中始终扮演着中心性的角色。因为人才是最终占意流的来源。

• 7.3.5　自动游戏化

随着虚拟现实和增强现实技术的深入发展，游戏化（gamification）运动也在不断地深入，因此，对于给定任务如何设计好玩的游戏规则，如何将一个枯燥而乏味的现实任务改造成一款有趣的游戏，就成为了一个重要的问题。在第 5 章中，我们看到了若干游戏化的例子，即用游戏将一个原本复杂而枯燥的任务包装起来，从而使人们在游戏娱乐的同时，顺便将原任务解决掉。但在这些例子中，游戏的构造完全是设计师的灵光闪现，似乎并没有太多规律可循。

如何运用人工智能来构造游戏化呢？注意，这个问题与自动游戏设计问题的区别在于，这里需要根据任务而构造游戏，这就会比凭空构造游戏困难得多。我们不仅要让游戏好玩，还要让游戏的结果能够被映射到原任务、原问题上去，从而使游戏的结果可以帮助我们解决这些现实问题。如果真的开发出这种技术，那么自动游戏化（automatic gamification）将会成为一个新兴而实用的人工智能领域。到那时，任何苦难的问题都会被自动游戏化程序构造出一个游戏的外衣。在这样的外衣下，我们在玩游戏的过程中就会自动将原问题解决掉了。

但是，这个问题的难度可能过大，所以一个中间过渡的问题是，我们是否能够根据现有的游戏以及现有的任务，找到这两者之间的映射关系，从而避免从头到尾地设计新的游戏呢？

在第 5 章中，我们曾经举了一个 PlayPump 的例子。通过巧妙的设计机械装置，人们可以将小孩玩耍时耗费的人力利用起来，为村子里的居民提供生活用水。机械装置传递了动力。

在各类人类计算实例中，设计师完成了原任务与游戏之间相互映射关系的设计。这种映射实际上做到的是运算能力的传递，而不是动力的传递。然而，难点就在于，我们应该如何设计这样的映射呢？我们发现，这是一个典型的机器学习问题。本质上讲，机器学习最擅长的就是通过大量的数据学习出一个未知的映射。

下面，我们凭空构造了一个"自动团队建设俄罗斯方块"的例子，即玩家在玩俄罗斯方块的时候就自动建构了一个团队。这个例子旨在阐明我们这里所说的自动游戏化的概念。但是，需要指出的是这个例子纯属虚构。

俄罗斯方块化的自动团队建设

这个例子考虑的问题是团队的搭建。我们知道，人类团队是以不同人的分工合作为基础的一种组织方式。由于每个人都有不同的特征，所以并不是将任意的一群人组织起来就能够搭建一个有效的团队，我们需要对每个人展开详细的分析。如果人们将团队构建的问题描述成一个数学优化问题，原则上讲就可以自动让计算机求解了。然而，类似于第 5 章中的蛋白质折叠问题，团队构建优化问题是很困难的，单纯用计算机求解可能会相形见绌。于是，我们能否运用人类计算的思想，将团队构建转化成一种可以直观可视化的组合问题，从而让人来求解呢？

我们可以考虑著名的游戏《俄罗斯方块》，它需要组合不同形状的砖块才能把这些砖块消掉，从而挣得比较高的分数。这两个问题似乎有一些相似之处，于是，我们发现了一组有意思的对应关系，如表 7-1 所示。

表 7-1 团队建设与《俄罗斯方块》的对应关系

特征	团队建设	俄罗斯方块
组成单元	不同特征的人	不同形状的砖块
整体	团队	整齐的一组俄罗斯方块
最终目标	组合不同特征的人构成完整的团队	组合不同形状的砖块构成完整的形状，以便消去

如果这个对应关系成立，那么我们所要做的无非就是构造一个从人类特征到方块形状的映射。于是，一种性格特征的人就会被映射成一种形状的方块。为了得到这个映射，我们不妨训练一个神经网络，让系统自己学习得到，如图 7-16 所示。

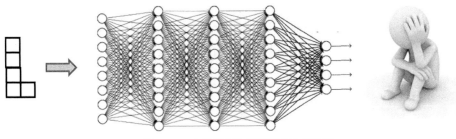

图 7-16 人类特征与俄罗斯方块的映射

一块俄罗斯方块对应一个人，于是，一个俄罗斯方块组合成一个方块整体就对应了不同的人组合成一个团队。于是，人们在一边玩俄罗斯方块的同时，另一边，一个完美的团队就可能组合出来了！在这个过程中，人工智能起到的作用就是完成真实任务与虚拟游戏要素之间的映射，从而把现实变成游戏。

我们知道，目前的人工智能技术已经取得了很大的发展。但是目前的应用领域大多局限在识别、翻译、聚类、数据挖掘等经典应用中。而当我们从注意力、游戏化等新问题的角度出发，就可以看到一系列全新的人工智能应用方向。

7.4　人工占意

本书讨论的占意主要针对的是人类。很多推理依据的一个重要假设就是人类的总占意是有限和稀缺的。然而，随着人工智能技术的发展，机器的智能水平会越来越逼近人类。那么，自然就会产生一个有趣的问题：人工智能是否也会产生占意？假如机器真的逼近了人类智能，那么机器也有了自己的注意力。这样随着人工智能的大规模生产，我们就会拥有越来越多的占意资源，于是占意有限和稀缺的前提假设可能就不成立了。

其实，近些年来深度学习神经网络模型中已经模拟了人类视觉中的注意力机制，例如，深度神经网络在看图片的时候，可以学会调整它的注意力焦点，如图 7-17 所示。其中，左边为原始图像，右边为机器读到的图像，白色雾化的区域为机器视觉注意的焦点，图片下方的文字为机器生成的图片描述语言。[23]

这种带有注意机制的神经网络不仅可以应用到视觉领域，也可以应用到机器翻译、自然语言处理等更多的领域中，并且有良好的效果。由此看来，也许我们离创建人工的注意力机制已经不太远了。

人类的意识能够处理的信息有限，于是人类就产生了占意的表现，即每一时刻只关注一个事物。而关注是人类动心起念的源头，因此，关注就意味着后续的一系列资源，包括财富、信息、社会地位，所以人们才需要占意这种资源。假如机器能够模仿人类的一切智能行为，那么机器自然就可以产生占意。但是，人工智能是否能够产生与人类等同的智能，我们至今无法回答。我们不妨假定到将来的某一时刻，人工智能终于进化到了与人同等的水平，那么占意有限性这个假设是否会被打破呢？

一只大白鸟站在森林里

一个人拿着冲浪板站在海滩上

图 7-17　具有注意机制的深度神经网络观察图片时的注意力焦点

• 7.4.1　虚假注意力

注意力经济学家迈克尔·高德哈伯用"虚假注意力"一词来形容由机器和媒体产生的表面上的注意力。比如，电视上的新闻播音员对着镜头播报新闻，这就会让电视机前的观众产生一种错觉：这个播音员正在"注视"着自己，于是产生了被关注的"虚假"感受。

虽然人们的被关注需求在一定程度上得到了虚假满足，但是这种满足必定不会长久。原因在于，人们会很快识别出来自电视播音员的关注是假的，因为观众不能与电视播音员互动。所以，人们就会发现，他们根本就没有占据播音员的意识空间。究其本质，人们希望获得的并不是简简单单的眼球上的关注，而是别人真正的意识空间。

电视媒介是不可能放大人们的占意的，因为电视不具有互动性，它只能给人们带来僵死的信息。而计算机程序具有典型的互动性，它能否给人带来一定的被关注感受呢？实际上，互动性本身就已经可以满足人类的需要了。我们玩游戏就能获得快感，这是因为我们可以跟机器互动。我们输入给机器的动作会被机器分享一定量的 CPU 运算处理时间，所以我们成功地占据了机器的"意识"，尽管机器的这种注意力和意识都是虚假的。

近些年发展出来的个性化解决方案使人们可以获得越来越多的虚假注意力。例如，你的网上购物体验会随着你购物的经历增多而提高。背后的原因就是计算机实际上给每个人都分配了大量的计算时间，从而提供非常个性化的解决方案。人们会感觉到自己的事情成功占据了机器的虚假意识。但是，现代的人工智能水平还远远不及人类，所以，这种互动还不能与真人的互动相媲美。

这就涉及了一个互动性程序的品质问题。通常来讲，越是集中、浓缩了大量占意资源的产品，就越容易吸引用户的占意，并产生较大的黏性。但现在的人工智能尚无法达到与人类同等级别的信息处理能力，所以，一切虚假注意力都是低级的。无论多么高质量的产品，从长远来讲，它对用户占意的吸引总是渐渐降低的。这是由占意的耗散性决定的。

• 7.4.2　当机器智能逼近人类水平

人类需要占意的本质就在于我们需要他人的大脑运算时间来运算处理我们自己的信息。所以，与其说是对注意力的争夺，不如说是对意识的占领和争夺。当人工智能的水平已经可以与人类相媲美的时候，也就是说，对这种高级别人工智能"意识"空间的占据也成为了我们的需求，那么，"有限注意力"这样的说法似乎就有问题了。

但是，有一个非常有意思的观察就是，能够产生高等级占意资源的个体同样需要高质量占意资源的喂养。比如，我们人类天生就既生产占意，又在消费别人的占意。一个人的占意质量很高，往往是因为这个人在之前已经获得了足够多的占意投入，包括周围人对他的关注，以及他自己对自己的关注。同样的道理，假如机器的智能水平可以和人媲美，那么，这台机器一样需要消耗大量的占意资源，才能产生足够高质量的占意。从这个角度讲，假如人工智能得到了大批量的复制，那么它通常就不能再获得足够多的占意，同样也就不太可能产生高质量的占意资源了。

但是，也许你会争辩说，人工智能是软件，我把它直接复制不就能够获得更多的占意了吗？问题的关键是，人工智能程序真正有价值的东西并不在于它所存储的知识，而在于它对外界（特别是对某个个体用户）的适应和学习过程。所以，即使是同一种人工智能软件的不同副本，只要它们适应的用户不同，它们的行为也是非常不同的。所以，如果你仅仅复制一个训练好的人工智能程序，而没有付出我们的占意与它互动，它仍然不会表现出足够的智能，也不适用于你的信息处理要求，所以你不会感受到被关注。

这样的话，即使我们可以制造出能够逼近人类智慧水平的机器，也并不能轻松地获得越来越多的占意资源。也就是说，新的类人机器完全可以看作一个新出生的人。尽管世界总人口一直在增长，但更多的人就意味着更多的资源消耗，这些新生的智慧机器也需要更多的占意关注才能产生真正的智能，所以，占意资源仍然是短缺的。

• 7.4.3 封闭的机器世界

还有一个有趣的问题值得讨论。在本书中，我们始终强调人类的占意相当于机器世界中的"能量"。那么，一旦可以与人媲美的机器智能出现，机器自己就能产生占意了，那么机器世界不就不需要人类的占意了吗？于是机器就有充分的理由干掉人类了。

事实上，这是一个封闭机器世界的问题。一旦机器具备了智能，它们就可以脱离人类的掌控，完全独立地生活在机器自己的世界中了。这样的情形可能出现吗？

要讨论这个问题，我们必须要先理解的一点是，人类几千年的演化最本质的并不在人类个体，而在于人类文明的延续与进化。只有能够用人类的语言沟通、理解的东西才能够融入到人类文明中成为知识，也才会左右整个人类的发展。

假设现在出现了一个完全独立于人类世界的机器世界，那么机器势必会产生与人类世界无法沟通的语言。也就是说，我们人类就没有任何手段可以与机器世界建立联系。这样，我们的讨论也就失去了意义。讨论这种完全独立的机器意识形态是否存在的问题，就像是讨论我们的银河系是否是一个具有超凡智慧的生命体，只不过我们没有办法理解银河系的语言，因此也无法沟通。其实，我们承认或者不承认这样的智慧体存在都没有意义，因为它不会对人类文明造成任何影响。

退一步说，假如一个独立的机器世界形成了，但与此同时，它也可以和我们人类沟通。那么，在这样的世界下，机器是否可以毁灭人类呢？由于人类几千年来的文明才是人类整体的最宝贵财富，在它面前，个体人甚至是大多数人的存在价值几乎都可以忽略不计。不可否认的一点是，如果一个独立的机器世界出现，那么它必将是人类文明的继承者，因为机器世界要掌握最先进的科学文化知识的最简洁的办法就是向人类文明学习，一旦它掌握了人类的科技知识，它实际上就已经成为了人类文明的继承者和发扬者。如果机器世界的确比人类先进，它就会进一步发展人类文明。由此看来，实际上人作为一种生物物种的存活与否并不是问题的关键，真正的关键就在于人类文明是否能够存活。而如果机器世界能够比人类世界更好地继承并发扬人类文明，那么由机器掌管这个世界又有什么不好的呢？当然，还有一种可能是，真正到了那个时候，人也会改造自己，人将和机器融为一体。在这种情况下，人类本身的定义也必将相应地改变了。

7.5 小结

本章首先引领读者回顾了人工智能发展的历史，并着重指出了人工智能发展的三个阶段：计算理论的提出、经典符号人工智能，以及以神经网络与深度学习为主的第三代人工智能。继而，本章围绕着如何充分地利用人类的占意资源，以及如何更好地将人类智能与人工智能结合为核心展开了大量的讨论。占意通货、许愿树、自动游戏设计、团队组建俄罗斯方块游戏，占意理论指导我们提出了一个个奇思妙想。在本章的最后，我们还就机器是否能够产生占意，是否可能替代人类的占意资源，以及未来的人工智能走向等问题展开了讨论。

参考文献

[1] 集智俱乐部 . 科学的极致——漫谈人工智能 . 北京：人民邮电出版社，2015.

[2] Artificial intelligence : https://en.wikipedia.org/wiki/Artificial_intelligence

[3]　罗素，诺维格 . 人工智能：一种现代的方法（第 3 版）. 殷建平，祝恩，刘越等译 . 北京：清华大学出版社，2013.

[4]　Lewis H R. Elements of the Theory of Computation. Prentice-Hall, Inc, 1998.

[5]　Theodoridis S, Koutroumbas K. Pattern Recognition (2nd edition). Academic Press, 2008.

[6]　Haykin S O. Neural Networks and Learning Machines (3rd Edition). Prentice Hall, 2000.

[7]　Mnih M, et al. Human-level control through deep reinforcement learning. Nature VOL 518: 529-533, 2015.

[8]　Gibney E. Google masters Go. Nature 529, 445-446,2016.

[9]　Silver D, et al. Mastering the game of Go with deep neural networks and tree search. Nature 529, 484-489, 2016.

[10]　Weld D S, Mausam C H L, Bragg J. Artificial Intelligence and Collective Intelligence[J]. Handbook of Collective Intelligence. 2015: 89.

[11]　Rajpurkar P, Migimatsu T, Kiske J, et al. Driverseat: Crowdstrapping Learning Tasks for Autonomous Driving[J]. arXiv preprint arXiv:1512.01872, 2015.

[12]　Rahman H, Roy S B, Thirumuruganathan S, et al. " The Whole Is Greater Than the Sum of Its Parts": Optimization in Collaborative Crowdsourcing[J]. arXiv preprint arXiv:1502.05106, 2015.

[13]　Bernstein, Abraham, Klein M, et al. Programming the Global Brain. Communications of the ACM 55.5 (2012): 41. Web.

[14]　Nelson M J, Mateas M. Towards automated game design[M]. AI* IA 2007: Artificial Intelligence and Human-Oriented Computing. Springer Berlin Heidelberg, 2007: 626-637.

[15]　Colton S, Wiggins G A. Computational creativity: The final frontier?[C].ECAI. 2012, 12: 21-26.

[16]　Browne C. Automatic generation and evaluation of recombination games[D]. Queensland University of Technology, 2008.

[17]　Togelius J, Schmidhuber J. An experiment in automatic game design[C].CIG. 2008: 111-118.

[18]　Sorenson N, Pasquier P. The evolution of fun: Automatic level design through challenge modeling[C].Proceedings of the First International Conference on Computational Creativity (ICCCX). Lisbon, Portugal: ACM. 2010: 258-267.

[19]　Sweetser P, Wyeth P. GameFlow: a model for evaluating player enjoyment in games[J]. Computers in Entertainment (CIE), 2005, 3(3): 3-3.

[20]　Koster R. Theory of Fun for Game Design. Paraglyph Press, 2004.

[21]　Schmidhuber J. Developmental robotics, optimal artificial curiosity, creativity, music, and the fine arts. Connection Science, vol. 18, 173-187, 2006.

[22]　于洋，余敏雄，吴娜 等 . 游戏数据分析的艺术 . 北京：机械工业出版社，2015.

[23]　Xu K, Ba J, Kiros R, et al. Show, attend and tell: Neural image caption generation with visual attention[J]. arXiv preprint arXiv:1502.03044, 2015.

第 8 章

参与者的宇宙

在游历了互联网、众包、计算机游戏、人工智能这些领域之后，我们不禁思考这些技术背后的哲学本质是什么？本章，我们将给出自己的答案，这就是"参与者的宇宙"。

我们似乎已经被这样一种思维方式洗脑了：我和世界相互独立，我可以在不干扰外在世界的前提下，客观而忠实地探求它。然而，仔细思考就会发现，这种思维方式其实存在很大的问题。随着人类科学技术的突飞猛进，我们对外在世界的影响和改造能力已经超乎了想象，周围的一切都与我们紧密地耦合在了一起。当我们穿梭漫步于栉次鳞比的高楼大厦之间，就会发现我们所处的城市其实就是一个庞大的人造物，只有当我们将城市夷为平地之后，才能看到它最原始的不受人干预的样子。

我们在这个世界上并不是孤立的观察者，更多的是参与者。认知的主体与被认知的客体不可避免地耦合、纠缠到了一起。著名物理学家约翰·阿奇博尔德·惠勒（John Archibald Wheeler）将这种世界观称为"参与者的宇宙"（participating world）。

当我们打开参与者宇宙的大门，首先映入眼帘的就是量子物理。早在 20 世纪初，一系列革命性的物理学实验逼迫着物理学家们接受这样一种新的哲学观念。越来越多的物理学实验证明，除去观测主体而讨论一个完全独立客观的真实是毫无意义的。

互联网作为一个成长迅猛的全新物种，正在以一种史无前例的速度改写着人类的认知模式。越来越多的迹象表明，互联网也是一个参与者的宇宙。当它进入了 2.0 模式以后，用户的参与已经成为了推动互联网进化的最重要力量。因此，越来越多的学者开始怀疑，也许量子力学才是描述互联网的正确数学。

本章我们将首先与读者一起简单回顾量子力学的基本知识；其次我们将引入惠勒的参与者的宇宙的观点，展示量子力学背后的哲学。这种哲学和互联网思维中的不确定性思想有着一脉相承的渊源。于是，我们将站在近年来发展起来的一门新兴学科——量子认知科学的基础上，讨论互联网的量子力学模型。我们的基本观点是，用户的心理模型是量子化的，而用户的每一次选择就相当于一次量子测量，将自身的量子态塌缩（collapse）成普通状态。这样，一个人机交互模型就可以看作一个简单的量子测量系统；而大型的虚拟在线世界则可以看作量子场。

8.1　量子的世界

量子力学（Quantum Mechanics）恐怕是现代科学中最令人匪夷所思的一门学问。虽然这套学问有着非常清晰而简洁的理论基础，以及坚实而丰富的实验支撑，但是这些结论却让我们（包括那些大科学家们）都感觉不舒服。究其原因就在于，量子所描述的世界与我们的世界相差太远。难怪物理学家尼尔斯·亨里克·戴维·玻尔（Niels Henrik David Bohr）曾经说，如果一个人学习量子力学不觉得困惑，那一定是他没有学懂。下面，我们就来简述量子世界中的怪异特性。

● 8.1.1　波还是粒

稍微了解一点量子力学的人都知道，关于光究竟是粒子还是波的争论是量子力学的起点。我们也都知道，科学家们最终给出的答案是：光既是粒子又是波，或者既不是粒子也不是波。它时而展现出波的特性（例如干涉、衍射），时而展现出粒子的特性（当我们测量它的位置或动量的时候）。

然而，我们不了解的是，波动性意味着什么？粒子性又意味着什么？光既是粒子又是波能怎样？似乎尚没有教科书能够回答我们这样的问题。事实上，波和粒子最大的区别就在于：波是一种"软件"，而粒子则是一种"硬件"，它们位于不同层次。为了理解这种说法，我们看下面这个有趣的例子。

假设有一根高高的旗杆，旗杆上挂着一条长长的绳子，如图 8-1 所示。我们在底端抖动一下绳子，就会看到一个波浪从我这里出发，朝旗杆顶端滑行而去——这是一个波包，它仿佛是一个全新的物体一样运动着。

相应地，我们可以从地面向上投掷一个小球，那么这个球就是一个实实在在的粒子。绳子上的波包和抛到空中的小球有何不同呢？一个有意思的区别是，由于波包不是一个实在的物体，因此它并不受万有引力的影响，也就是说波包向上运行的速度不会减慢。而小球却不是这样的，由于引力的作用，它会变得越来越慢。

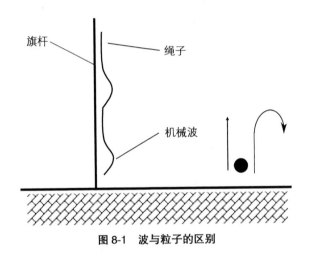

图 8-1 波与粒子的区别

波包是一种波，也相当于在绳子介质之上形成的一种软件——它是绳子之上拼出来的一种构型；而小球则是实实在在的硬件，它们位于不同的层次。所以，波与粒子的本质区别就是软件和硬件的区别。

现在，量子力学中的波粒二象性却告诉我们，微观粒子既是一种软件，又是一种硬件。然而，这怎么可能呢？如果一个东西既是粒子又是波，那就意味着它会同时位于两个层次。你能想象你电脑屏幕上一个动画中的小球和屏幕外的小球是同一个东西吗？显然，经典世界不允许这样跨层次的存在。

• 8.1.2　双缝干涉实验

一旦物理学家不情愿地将波粒二象性这个魔鬼纳入量子力学之中，怪异的结论就会接踵而来。最著名的一个实验就是电子的双缝干涉实验[1]，如图 8-2 所示。

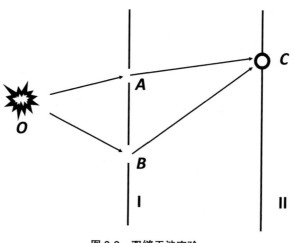

图 8-2　双缝干涉实验

假设我们将电子从 O 点发射而出，它们就会从 A 或 B 这两条缝隙中的一个通过，并打到右手的屏幕（II）上的某一点 C 处，同时在 C 处留下了一个亮点。当大量的粒子经过 A 或 B 时，就会在 II 屏幕上留下一个光斑的图像——花纹 I。还是类似的实验，只不过我们在一半时间里挡住缝隙 A，让电子只能通过 B，另一半时间则挡住缝隙 B，让电子只能通过 A，这时这两段实验的整体效果会在屏幕 II 上形成另外一种图像——花纹 II。有意思的是，花纹 I 和花纹 II 完全不同——这是量子区别于经典粒子的特性。

更神奇的是，我们可以在屏幕 II 处设置两个探测装置，它们分别对准了 A 和 B两个缝隙，以探测电子是否从 A 或者 B 飞出来并打到屏幕上。有意思的是，我们同样可以得到花纹 II。而如果我们不试图探测电子是从哪个缝隙通过的时候，花纹 I 就又会出现。也就是说，我们的探测方式会影响实验的结果。

我们甚至还可以往前走一步，让屏幕 I 和 II 的距离相差非常远。并且在电子已经穿越屏风 I 之后，当电子快要打到屏幕 II 的时候再来决定用哪一种方式探测电子。

这样的话，探测方式就不可能再逆时间流而上来影响电子在 I 处的选择。

假如电子是我们熟悉的经典小球，那么我们很清楚电子要么会经过缝隙 A，要么会经过缝隙 B。无论你如何探测这个电子，这都是一个确定性的事件。于是在它经过了屏风 I 之后，假设它经过了缝隙 A，电子必然会径直飞向盯住缝隙 A 的探测器，无论你最后是否又更换了探测方式。然而，实验结果却是，只要在最后一刻我们采用的探测方式是第二种，那么就一定会得到花纹 I，无论此前是否有盯住 A 的探测器。反过来，只要最后一刻有探测缝隙 A 的探测器存在，那么就必然会出现花纹 II。所以，与经典的小球不同，电子在被探测之前是没有走哪一条路径的概念的，或者说电子在被测量之前就是不存在的。

正是这个实验，让物理学家们不得不将人类的观测行为纳入到整个量子力学的数学框架之中。于是，一个量子力学系统的演化就出现了两种不同的过程：一种是完全确定性的演化过程（探测之前，电子诡异地在空中飞行）；第二种则是人的观测过程。这两种模式在数学上的区分可谓是天壤之别。在第一种过程中，粒子处于量子态，而第二种过程——测量，则使得量子态塌缩形成经典的状态。

可问题的关键是，我们明明知道人类都是由大量的分子和原子组成的，这也就意味着量子力学也必须制约着我们的所有一切行为。那么，测量无非是一种物质的运动过程，也理应服从第一种运作模式才对。但是，最终答案却不是这样的，科学家们费了九牛二虎之力也无法将测量过程归纳为第一种机械运动过程 [①]。他们不得不再次接受一种他们感情上不愿意接受的东西。

• 8.1.3 量子不确定性

爱因斯坦有一句名言："上帝不会掷骰子。"这句话表明，爱因斯坦无法接受内禀于量子力学中的不确定性。然而，也许你会嘲笑爱因斯坦，不确定性有什么不能接受的，我们面临的复杂世界不是充满了不确定性吗？我们无法预测树叶下落的轨迹，更无法预言股票在明天的涨落。就连我扔出去的小小骰子究竟哪一面朝上都没办法

---

① 量子力学的退相干理论将测量过程视作一种环境噪声对量子相干态的破坏过程，因此不必引入观察者。但是该理论也并不能完全说清楚噪声的起源，因此测量问题仍然没有完全解决。在本书中，为了不引入过多技术讨论，我们采纳了普遍接受的哥本哈根诠释。

预言，更遑论将世界中的一切不确定性都摒除掉呢？

没错，即使在牛顿的时代，人们也早已经领略到了不确定性的厉害之处。于是，人们很早就发明了概率论这种数学工具来描述不确定性。然而，经典世界的不确定性与量子不确定性有着很大的不同。最主要的区别在于，经典的不确定性原则上并不存在。假如我们能够准确地知道树叶和空气的一切参数和规律，就能够精确地预测树叶下落的轨迹。于是，树叶的行为不再具有不确定性。换句话说，经典世界中的不确定性本身并不是真正的不确定性，而是由于我们的无知造成的。

但是量子力学中的不确定性却是完完全全根深蒂固的。如果一片树叶是量子的，那么即使我了解到了所有关于这片树叶的信息，我仍然无法预测出它的运动轨迹。甚至在我测量之前，我们都无法确认这片树叶的存在性。

韦纳·海森堡（Weiner Heisenberg）提出的著名的不确定性原理（uncertainty principle）则进一步告诉我们，量子的不确定性压根就与经典不确定性不一样。不确定原理是说对于量子物体，存在着互补的一对属性变量。你对一个变量测量得越准，你就会对另一个变量测量得越来越不准。然而，对于一个宏观物体，你测量它的高度恐怕永远无法影响到你对它长度的测量。所以，不确定性原理根本就没办法还原到经典不确定性中去。

• 8.1.4　量子纠缠

有人曾经说，物理学对人类最大的贡献就在于三个 E 的发现。这三个 E 分别是三个物理学概念的英文首字母，它们是：能量（Energy）、熵（Entropy），以及纠缠（Entanglement）。

纠缠是人们较晚发现的一种存在于量子力学框架中的现象。这种现象非常类似于神话传说中的超距感应。假如我们把一对处于纠缠态下的电子分离得无穷远，那么它们彼此之间仍然存在着联系。它的体现是，如果你测量其中一个电子的动量，那么远程世界的粒子仿佛就能立即感受到，于是另一个粒子的位置就无法精确测量了。

量子纠缠现象进一步向我们展现了量子世界中的不确定性与经典世界是非常不同的。以爱因斯坦为代表的一群科学家试图提出一整套方案，从而将量子力学纳入到人们熟悉的经典力学层面。然而，令爱因斯坦意想不到的是，这些努力全部失败了。越来越多的实验证明爱因斯坦的企图是错误的。

8.2 惠勒的遗产

面对如此纷繁复杂的量子现象，人们尝试了各种各样的解释。一种方案是认为量子力学是一套不完整的体系，从而试图找到制约量子现象背后的隐变量理论；另一套方案则是将量子力学中的数学公理看作既定事实，接受下来而不加解释；还有一种则是以物理学家惠勒为代表的信息论解释，即"万物源自比特"（it from bit）[2]。下面我们将重点介绍这种观点。

• 8.2.1 万物源自比特

在量子力学的诸多困惑中，最令人坐立不安的地方就在于对实在性的质疑。例如，在电子的双缝干涉实验中，如果我们不就电子经历了哪一条缝隙进行测量，那么电子的路径实际上并不确定。只有当我们对电子感兴趣，并切实采取了实际测量之后，电子的路径才作为一个实体而存在。也就是说，我们的观测行为创造了电子的路径。

但是这样一种说法多少有些让人匪夷所思，观测行为如何能创造电子呢？惠勒进一步回答道，其实所谓的电子或者其他物质（it）本质上都是信息（bit）。所以，我们的测量行为就是在创造信息，这样也就创造了电子的属性。为了阐明测量是如何能够创造物质属性的，惠勒用他那个著名而有趣的"20 问"游戏来予以说明。[2]

所谓的"20 问"游戏就是指这样一种玩法。首先，我的头脑中想象一个事物，然后你可以问一系列我只能用"是"或"否"来回答的问题。比如我想好的人是希特勒，那么我们的对话如下所示。

你：这个人还活着吗？

我：否

你：他是男的吗？

我：是

你：他是中国人吗？

我：否

······

你：他是希特勒吗？

我：是

就这样，如果你能够通过问 20 个问题而猜出最后的答案，那么你就赢得了游戏。

然而惠勒要玩的"20 问"游戏却不是这种经典的版本，而是一种量子版本的游戏。在这个版本中，与之前的不同之处在于，我事先并没有一个明确的答案。当你问问题的时候，我只要遵循这样一条规则：我之后的回答不能与之前的回答相冲突。除此之外，我可以任意选择"是"或者"否"来回答你每一个问题。当一串问题问下来以后，虽然我的头脑中开始的那个东西并不存在，但是由于我的回答需要保持逻辑连贯性，因此我看起来随机的回答就会被你的问题本身而塑造和确定。最终，我很有可能被你问出来一个希特勒！

惠勒的观点是，我们所在的量子世界就像第二个版本的"20 问"游戏。真实的电子在你测量之前可能并不存在，而只有当你开始测量的时候，电子才被你塑形，于是你获得了关于电子的信息。

• 8.2.2 参与者的宇宙

惠勒进一步论述到，不仅仅是我们身边的世界，甚至连整个宇宙，以及在遥远的宇宙起源的那一时刻，所有这些能够以信息呈现的现象，原则上讲都是我们观测的结果。

在宇宙学中有一个称为**人择原理**（anthropic principle）的理论，声称我们的宇宙之所以是现在这个样子，是因为只有这样的宇宙才能允许产生问这个问题的智慧生命。我们都知道，物理学中有很多基本常数。例如光速为 $3 \times 10^9 \text{m/s}$，再比如普朗克常数为 $6.63 \times 10^{-34} \text{ J} \cdot \text{s}$。有人曾经计算过，假如这些基本常数发生一些非常小的变化，就有可能导致宇宙的演化完全超出了现在这个样子，因此生命也就可能不存在了。事实上，生命产生的条件是相当苛刻的，只有当所有的参数以及初始条件位于可能空间中的非常微小的一部分区域的时候，生命才会成为可能。这不得不让我们产生如下疑虑：这个宇宙是不是真的是为我们智慧生命的出现而造的呢？

我们发现，人择原理最让人觉得吊诡的地方就在于我们实际上是用智慧生命的存在来"证明"智慧生命的存在，也就是所谓的因果循环论证。在惠勒看来，宇宙本身就是一种自我指涉（self-reference）的存在，就好像一条蛇咬到了自己的尾巴，它本身构成了观察者存在的原因，同时也因为观察者的存在而存在。惠勒用自我指涉的观察者来表述这样的怪圈循环，如图 8-3 所示。

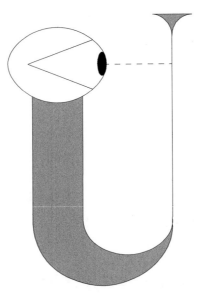

图 8-3　惠勒的自观察系统示意图

这张图表达的是观察者自身决定了宇宙的初始条件。也就是说，观察者和宇宙构成了一个闭环，互为因果。惠勒的"参与者的宇宙"这个观点显得非常匪夷所思。然而，这种无始无终、自我指涉的哲学观点恰恰与东方哲学有着一脉相承之处。事实上，整个量子力学让无数大科学家都觉得古怪异常，但在东方哲学中却非常正常。比如，任何微观粒子都是粒子和波的混合体这一观点，就与东方思想中亦此亦彼的世界观很接近；再比如，天人合一的思想始终认为观察主体是无法和被观察对象严格分开的。

总而言之，尽管惠勒的思想在整个量子力学中都显得非常奇怪，但是它基于信息的观点来看待量子力学却为后来的量子信息、量子计算的出现奠定了理论基础。惠勒所宣传的世界观仿佛才是我们当今时代最需要的世界观。人们逐渐意识到，人类不是跟世界相互割裂的分离体，而是紧密地联系在一起的。

8.3　参与者的互联网

想必熟悉互联网的读者已经看到，在网络世界中，我们的世界观和惠勒的量子宇宙世界观是多么地契合一致。在这里，参与者自然是指网络世界中成千上万的网民。当互联网进入 Web 2.0 时代以后，这些网民们就得以发挥巨大的力量。如今，互联网上将近一半以上的内容都是由用户自己生成的。

● 8.3.1　平台与观测

当我们构建一个新的系统时，实际上就要考虑如何将用户的数据和用户的选择带入系统中，从而进一步改进系统。用户的参与不但不是无关紧要的，反而是推动整个系统向前发展的最终动力。事实上，整个系统的设计都应该是用户的占意流驱动的。所以，设计师所关注的不应该只是具体的内容，而应该是如何搭建一个平台，让用户参与其中。

大量用户正在用自己的占意流不断地催生着互联网社区。从简单的浏览、点击行为，到复杂的发表评论、回答问题，甚至数学问题求解，尽管它们的参与程度不一样，但用户在网上留下来的痕迹无疑为网站提供了丰富的资源。现如今的人工智能大数据分析就是在利用用户的行为数据在提取知识和有用的规则。之后，这些社区的设计者们再利用这些知识和规则改进他们的互联网产品。所以，从本质上讲，让用户的数据来左右主导互联网社区的演化与发展就是参与者的宇宙的一种表现。因为互联网产品的最终使用者恰恰就是这些参与者，所以无论原因和结果如何，一切的起点就在于用户，一切服务的终点也是这群用户，用户和互联网产品实际上构成了一个封闭的环，这就好比惠勒的自我观察的图。

从创业者的角度来说，他们面对的互联网世界不再是一个僵化不变的世界，而是一个会因我们的探测行为而随时发生改变的不确定性量子世界。因此，创业者若只采用固定的认知模式和火箭式的创业模式，那么僵化的管理就不能应付不确定性的环境。精益创业方法所倡导的恰恰是让创业者作为参与者来加入到与互联网、与用户协同演化的路径中去，共同创造未来。所以，创业者与其说是认知者、规划者，不如说是参与者。

从量子力学的角度来说，一个允许用户进行交互的软件产品就好比是一系列比特的问题，用户在软件上的选择行为或参与行为就好比是一系列的测量。测量的结果导致了"物质"的出现——系统内容的增长。从这个角度来看，互联网和量子系统遵循着极其相似的逻辑。我们将在后面的部分进一步深化这一类比关系。

• 8.3.2 交互不确定性

毋庸置疑，互联网世界中充满了不确定性。但是，与其他系统不同，互联网上的不确定性恰恰来源于那些参与互联网演化的用户。互联网既需要用户的参与来推动演化，同时又不得不承受这种参与者带来的不确定性。我们将这种不确定性称为交互不确定性。

交互不确定性与随机不确定性有着本质的区别。由于互联网产品面向的是人，而你无法预测这些人会用一种什么样的方式与互联网产品进行互动，因此对于产品设计者来说，它就面对了一种不确定性。但是，这种不确定性显然不是完全随机的，因为人有着明确的偏好和行为准则，所以我们才可以用心理学来把握人的这种规律性。更重要的是，人在与产品互动的过程中，会表现出不同时间点交互影响的相关性。正因为互动者是人，而人的行为都是有目的的，所以它的前后动作就会具有很强的连贯一致性，这种相关性就会使它与机器的交互并非是完全随机的。迄今为止，人们尚没有找到能够复现这种相关性的随机数学模型。

在后面的讨论中，我们将会看到，面对人类玩家或用户的这种交互不确定性，实际上有可能用量子力学来描述。

8.4　量子认知

对于量子物理学家来说，最让他们纠结的地方在于，他们的理论框架必须包容观察者这一因素。因为观察者的测量能最终让微观粒子"成型"，从而获得确定的粒子属性。所以，量子力学已然跟自由意志和人类的认知联系到了一起。

• 8.4.1　意识的宇宙

与此同时，另外一种观点使量子力学与自由意志之间的纠缠更加深刻了，那就是我们大脑的运作机制需要量子力学发挥作用，人类的认知可以用量子力学来描述。而坚持这种观点的人又可以分成两派。

一派学者认为，人类的认知过程之所以需要用量子力学来描述，是因为在人脑的运作过程中，有一些量子力学效应起到了至关重要的作用。最早提出这一猜想的人可能要追溯到量子力学的奠基者之一海森堡。之后物理学家亨利·斯塔普（Henry Stapp）在著作《心智的宇宙》（*Mindful Universe*）中系统地阐释了这套观点 [3]。这一学派最知名的支持者之一就是英国物理学家罗杰·彭罗斯（Roger Penrose）。多年来，他一直坚持这样一种观点：量子力学在人类神经细胞的微管中起到了关键作用。[4] 总体来说，这一派人认为大脑硬件的运作受到了量子力学的制约，所以人类的认知过程是符合量子力学规律的。

另外一派则并不关心人类大脑的运作物理过程，而是看人类在决策、认知时的宏观表现，并且再利用量子力学来对这样的宏观表现加以描述。这样做的根据有以下两点。

- 第一，量子力学其实是一种特殊的概率论数学框架。既然我们可以将普通的概率论应用到诸如人口统计、股票市场、生物系统等不同的领域，那么我们也有充分的理由将量子力学这套数学框架应用到诸如人类决策等其他的学科。

- 第二，人们之所以可以用量子力学来描述微观粒子行为，就是因为量子力学得出来的结果与粒子行为的统计结果相一致。所以，假如人类的认知、决策行为也能够产生符合量子力学推断的结果，那么人类认知就与微观粒子没有本质的区别，都可以使用量子力学描述。

所以，这一派的观点是从行为表现上直接应用量子力学到人类决策过程中的，他们并不关心这么做的微观基础。

• 8.4.2 量子决策

由于第二种学派的观点更加简单明了，而且这一理论并不与传统神经科学的认识相矛盾，因此我们将重点介绍这一学派的观点。

在传统的研究范式下，理性人的决策过程通常用博弈论的方法来研究。然而这种假定具有很大的局限性，各种各样的非理性因素常常会在我们决策的过程中扮演非常重要的角色。为了将各种理性因素和非理性因素统一在一起，对人类的行为从概率论的框架切入，"量子决策"的描述方式 [5] 也就应运而生了。他们的思路是首先通过选择大量的人类被试进行行为学实验，然后再用量子力学的数学公式来解释这些实验观测数据。如果量子力学可以用非常简洁一致的方式解释所有的行为数据，而其他的理论尚无法提供更好的解读，那么我们就可以认为用量子力学描述人类决策至少不会表现很差。

下面，我们就用一个例子来说明这种方法。我们知道，测量行为是会影响微观电子的表现的。例如，在双缝干涉实验中，是否放置探测器测量电子经过哪条缝隙是会影响干涉条纹的。认知科学家杰尔姆·R.布斯迈尔（Jerome R. Busemeyer）和汪铮通过实验发现，我们对被试采用不同的问询方式，也会影响这些被试的选择。[6] 如果我们将问询理解为一种测量，那么人类就好像微观粒子，他们的行为会被测量所影响。

布斯迈尔设计了这样一组实验。首先，他们选择了大量的人类被试，然后让每个被试观察图 8-4 所示的一组头像图片。然后让被试在两组不同的实验条件下完成判断: 是否会把这个人当作自己的朋友。在第一组实验中, 试验者要求被试直接作出判断, 会不会把这张脸当作自己的朋友。第二组实验则要求被试先把所有的脸归为两类: 好人或者坏人, 然后再根据这个归类的结果判断是否把这人当作自己的朋友。

图8-4 布斯迈尔和汪铮的实验

我们看到, 这个实验很像电子经过双缝的著名实验, 如图8-5所示。

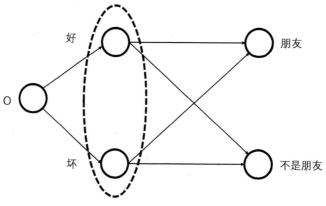

图8-5 人类被试的决策行为

被试的选择行为就相当于电子通过双缝的行为。试验员询问被试的问题就相当于对被试进行测量。第一组试验要求被试直接做出朋友或者不是朋友的选择, 就相当于在最后一个屏的地方测量电子, 而不管它以前的路径, 即被试是把这张脸分类成好人还是坏人。

在第二组情况下, 试验员相当于进行了两次连续的测量, 首先让被试做出分类为好人还是坏人的测量, 之后再做出是否把此人当作朋友的测量。

假如人类的决策是按照经典概率运算的法则, 那么无论他是否被要求对这张脸进行好人还是坏人的分类，他都应该给出一致的结果，即两种测量应该能得出相同的答案。然而，根据最终的实验结果，我们发现，这两组实验得到的分类结果相差非常大。也就是说，测量的确会影响人类的决策行为。

如果我们采用量子力学来进行一系列的计算，可以得到和这个实验结果相一致的结论。在此计算过程中，一个核心假设就是在没有测量之前，人类被试的思维状态可以用量子态来描述，而一次询问就相当于一次对该量子态的测量，于是测量的结果就塌缩到一个确定的选择上（好人、坏人，或者朋友、非朋友）。

近年来，人们逐渐发现了越来越多的决策反常行为，包括观察者效应、次序效应、锚定效应，等等。量子决策理论的工作者尝试用量子力学数学框架来解释这些行为实验的数据，并取得了一定的成功。而另一方面，许多神经科学家也开始参与到行为研究当中，而最具代表性的交叉学科就是神经经济学（neuroeconomics），神经经济学结合神经科学领域最新的实验测量手段，对人类决策的过程本身所涉及的神经过程进行实证的研究，对这些神经科学测量数据的阐释同样可以采用类似的量子决策方法。从这个意义上来看，不管大脑内部的运作规则是不是真正依赖于量子力学，我们总有可能以量子决策作为基本方法，将人类的决策行为与神经活动联系起来。有关这些内容的更多介绍，请大家进一步阅读相应的论文以及图书[7]。

8.5 图灵机–参与者模型

前面有关参与者的宇宙、量子力学以及量子认知的讨论其实都是引子，这些内容的目的是想导入一种由量子力学和图灵机模型混合的图灵机–参与者模型，它可以看作互联网的数学模型的微观基础。基于量子认知理论，人将被建模成量子决策单元，而机器则将被建模为第 7 章阐述过的图灵机模型。因此，将二者结合起来就是我们的图灵机–参与者模型。该模型可以说是互联网世界的原子。因为互联网的最小驱动单元就是人与机器的互动，将若干图灵机–参与者模型组合起来就是整个互联网。

• 8.5.1 人机交互

传统的图灵机模型是一个封闭系统，也就是说整个计算过程要一气呵成，不能被打断（参见第 7 章）。当我们将图灵机的纸带设定成我们给它的输入信息 x 之后，它的所有动作（左移、右移、涂写纸带等）就完全不受我们的干扰了，它会按照固定的程序一直运行下去，直到最后图灵机停下来，我们才能从纸带上读出整个计算过程的输出信息 y。

然而，本书讨论的所有计算系统，包括人类计算和计算机游戏，都是开放的，它们都包括了非机器因素——人的参与。也就是说，系统的每一步都是由计算机和人共同参与完成的。只有每一步计算机的独立计算才能看作传统图灵机的计算过程。因此，我们有必要扩展经典的图灵机模型，从而涵盖人的参与过程。我们将这种改造模型称为图灵机 – 参与者模型（如图 8-6 所示）。

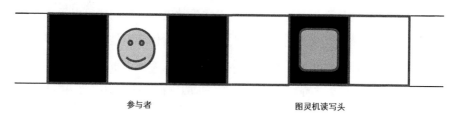

参与者　　　　　　　　　　　图灵机读写头

图 8-6　图灵机 – 参与者模型

其中，参与者是指坐在计算机前与图灵机进行交互的人。图灵机与参与者交互的媒介就是纸带。

我们可以限定参与者的动作为每次只对一个方格进行操作。这样，参与者其实相当于一个读写头，也只能在纸带上某个固定的方格上进行信息的读写操作，并且二者可以重叠。于是，图灵机的读写头和参与者的动作可以交替地进行。比如我们不妨让图灵机每运算 N 步，参与者进行 M 步动作。根据计算数学理论，我们已经知道，一个具有双读写头的图灵机模型与一个标准的图灵机模型等价。那么，我们的问题是，这样的图灵机 – 参与者模型整体是否也等价于一个图灵机呢？

这是一个有趣的理论问题。我们发现，这又回到了图灵测试问题：在有限的输入输出情况下，人和机器究竟有没有区别？迄今为止，人们尚未找到答案。在这里，我们假设参与者与经典的图灵机并不等价，原因在于人的行为需要用量子数学来建模。

• 8.5.2 玩家的选择

根据前面介绍的量子认知理论，人的决策、选择行为需要用量子数学来刻画。事实上，每当图灵机给玩家抛出一个二选一的问题时，就相当于开始对玩家的心理状态实施测量。当玩家给出具体的选择之后，玩家的心理状态实现了塌缩，变成了一个经典的比特，输入到了计算机中，从而又引发了计算机程序一系列的变化。

所以，我们不妨用一个量子比特（qubit）来描述玩家在做出选择之前的心理状态。假设图灵机给玩家抛出的问题就是在 0 和 1 之间做出一个选择。那么，玩家此时的心理状态就可以表述成量子比特：

$$\psi = \alpha|0> + \beta|1>$$

下面，我们就来解释一下这个公式。$|0>$ 和 $|1>$ 分别表示玩家选择 0 或者 1 的量子状态。当玩家在做出 0 或者 1 的选择之前，玩家的心理状态实际上是处于一种两个方案的量子叠加态上的。所谓的叠加态，可以理解为既非 0 又非 1，或者既 0 又 1 的状态。而一旦玩家做出了选择，那么他的心理状态就会从叠加态瞬间转变为一个确定的状态 0 或者 1。并且，出现 0 的概率是由参数 α 的平方给出的，出现 1 的概率是由参数 β 的平方给出的。

那么这样一种量子比特状态与我们抛掷一枚宏观硬币，出现正反两面的情况有何不同呢？我们是否也可以把一枚硬币的状态写为上式呢？的确，乍看之下量子和经典的随机性非常容易混淆。但是它们表达的含义却完全不同。在经典硬币中，测量之前的硬币必然已经明确地处于正面或者反面，尽管玩家对此一无所知。而在量子比特中，在测量之前，玩家的心理根本没有预存有关 0 或者 1 的任何信息。事实上，是测量创造了玩家的选择。

让人觉得怪异的地方是，在物理学中，是实验人来对微观的粒子进行测量；而在我们的这个人机交互模型中，是机器来对我们人进行测量，仿佛机器具有了观察能力一样。但其实仔细深入想想就会发现，机器并没有真正地测量，而是玩家自己对自己的心理状态完成了一次测量——它需要做决定选择 0 或者 1。所以，测量的主体仍然是人，机器只是忠实地记录了玩家选择的结果。

• 8.5.3 测量之网

当我们用图灵机描述计算机，用量子概率来描述玩家的选择行为的时候，整个图灵机 – 参与者模型就可以看作一个宏观的量子系统了。图灵机要求玩家的一次选择就可以看作一次量子测量，那么，一个庞大的软件系统要求有大量的用户交互行为，于是，整个系统的运作过程会变得超级复杂，而且图灵机的运作与用户的选择交相缠绕、耦合在了一起。对于这样的系统，我们关心的是一种被称为**测量网**的抽象结构。

我们知道，计算机程序除了用图灵机表述以外，还可以用流程图来表示。在图灵机 – 参与者模型中，玩家的选择也需要考虑进去，因此，流程图不再是普通意义上的流程图，而应该是包含了玩家选择的图，我们称这样的图为测量网，如图 8-7 所示。

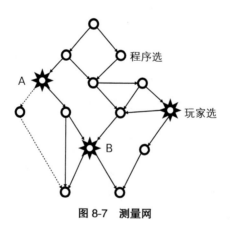

图 8-7 测量网

从宏观上看，人类玩家和机器之间的交互就可以构成这样一个"测量网"，其中有两类节点，圆圈表示的是由机器展开选择的节点，太阳表示的则是由玩家的选择展开的节点。每个节点对应的连线就相当于不同的选择路径。例如，从节点 A 展开的两条路径对应的是玩家的两种不同的选择。同样，由计算机展开的节点也可以表示相应的程序判断，不同的判断可以导致不同的路径。

在模型中，由于图灵机的行为是我们事先确定好的，因此，用户的测量行为起到了相对重要的作用。我们知道，由于每个测量节点都可以用量子力学来表达，所以，这些节点导致整个测量网本质上是一个量子系统。

例如，在 A 节点为根的子网络就是一个量子系统。在实施 A 点的测量之前，这个子系统处于一种量子叠加态之中。也就是说，程序会从虚线路径走还是从右边的实线路径走，是不确定的叠加态（或者说在测量之前，系统既可以走虚线路径又可以走实线的路径）。当程序执行到了 A 点，那么玩家做出了向左走（0）或者向右走（1）的选择，于是量子叠加态便会在瞬间塌缩成确定的路径，例如用户最终选择了从 A 点向右走，那么左侧的虚线路径就会在瞬间消失，系统凝固到右侧实线的路径上。

在测量网上，我们可以在不同的位置设置不同的测量节点（由玩家展开的选择）。那么这些节点有可能构成前后不同的顺序。例如图 8-7 中的 A 和 B 两个节点，显然 A 的选择有可能会影响 B 的选择，也就是说，在 A 处的测量会影响到 B 处选择往左走还是往右走的量子叠加态。这种决策中的顺序效应可能使整个系统必须用量子概率而非经典概率来描述。

我们进行所谓的程序设计（或者交互式程序的设计）本质上就是要设计一个复杂的测量网，设计者需要把测量节点（用户的选择）放置到网络中的不同位置上，从而导致网络整体呈现出完全不同的宏观属性，这正是测量网最有趣的地方所在。

另一方面，对于整个测量网来说，由于它本质上是一个量子系统，所以我们也可以把整个量子系统看作一台量子计算机。于是，我们甚至可以设计适当的测量网，使得整个系统完成某种任务的量子计算。我们知道，经典的量子计算需要用到实际存在的量子比特（比如自旋粒子），由于量子资源的获得仍然比较困难，这就导致量子计算目前仍然处于理论或实验室阶段。但是，根据我们的分析，实际上一台计算机加上可以操作计算机系统的人，就是一台可以执行量子计算的计算机。可以说，我们很容易就能获得廉价的量子计算——其中人类计算的部分恰恰就是量子计算。

对于一个人机交互系统来说，我们关注的指标可能有多重情况，比如我们可以考虑程序的可玩性、黏性、效率，等等。那么，我们可以结合这些指标来优化测量之网的结构，从而提升整个系统的运行性能。

8.5.4　互联网的量子模型

上一节，我们将一个单独的人机交互模型描述成了一个包含若干量子比特的测量之网。这个测量网的设计会严重影响系统的性能。当我们进一步考虑整个互联网的时候，就会发现，这实际上是一系列人机交互模型的合成。因此，它将是一个由大量图灵机 – 参与者模型构成的复合系统。如果将一个人看作一个量子粒子，那么多人系统就是一个有多个量子粒子相互纠缠的多体量子系统。

Web 2.0 类网络应用程序就好比是程序员搭建的一个空书架，所有书架上的书（网站的内容）全部由用户来填充。沿着开放性的思路走到底，我们就会发现，其实书架本身也可以"空掉"，也就是说，用户不仅能够创建内容，而且能够搭建盛放内容的容器！所以，我们可以设计一个彻底的"虚拟世界"，所有的规则和内容都由用户动态地产生。

实际上，计算机科学家们很早就开始了这类虚拟世界的探索之旅。早在 1999 年，美国林登实验室就设计了《第二人生》的游戏，设计者宁愿称《第二人生》为一个大型虚拟世界，也不愿意把它叫作网络游戏。这是因为用户面对的虚拟世界就像是一张白纸，所有的内容都由用户搭建，而不仅仅是让他们在有限的元素中进行选择。

那么，我们能否对这样的大型虚拟世界建模呢？非常有趣的是，使用经典量子力学实现起来可能很困难，于是，我们不得不借助量子场论的方法。

量子场论是对普通的量子力学的进一步发展。有人也将量子场论称为二次量子化。在传统的量子力学中，人们已经把粒子的不同状态量子化了，于是粒子可以处于不同状态的叠加之中。二次量子化则是将这个粒子本身也量子化了，因此系统会处于有这个粒子和没有这个粒子的叠加态中。

这种说法看起来仍然有些抽象，我们不妨通过一个具体的例子来解释这种二次量子化。仍然以前面介绍的决策问题为例，实验的参与者把照片中的人分成"朋友"和"敌人"，用量子力学的观点看，实验者的决策被最终抽象为两个状态的叠加，这是一次量子化。而二次量子化则是把实验参与者也量子化了，即在二次量子化的视角下，我们所讨论的是选择"朋友"（或者"敌人"）选项的参与者人次数，这里的"人次数"对应于量子力学中的"粒子数"。在这个实际问题里，它既可以是对一位实验参与者的多次实验，也可以是许多实验参与者结果的综合分析。

当然，二次量子化并非只是简单地对一次量子化的结果进行重新统计。在二次量子化的情形下，可以讨论许多有意思的新问题。还是以前面介绍的实验为例，如果我们在选择之初就被告知候选图片中有两人的图片是由通缉犯的照片重绘的，我们在选择的时候就可能会两次选择"敌人"这个选项。换言之，"敌人"态的占据数很可能会只等于 2。这种对占据数的限制类似于量子力学中的"泡利不相容"原理。从这个意义上来看，二次量子化并非是让问题变得更复杂，在"占据数"这样的问题上，二次量子化可以让这一问题自然地出现，并且让我们对此有了更直观的理解。

在量子场论中，另一个有趣的问题就是"关联"，它对应于关联函数（格林函数、或路径积分传播子）的计算问题。维克托·迈尔·舍恩伯格（Viktor Mayer-Schönberger）在《大数据时代》中提到，在应用场景下，"关联"比"因果"更重要 [8]。当然，我们并非完全同意这一观点，但至少这一观点提示我们对"关联"进行分析的重要性。麻省理工学院物理学教授文小刚曾经在他的物理学著作中提到："我们可以测量的其实只是关联函数。我们不禁很想用关联函数来定义世界上的物理理论，关联函数可能就代表着我们世界的真实。[9]"这是从物理学家的视角强调了关联的重要性。

直观地看，关联意味着某一时刻对系统的扰动对系统在另一时刻产生的"影响"。还是用前面的实验来理解这种关联性，例如考虑到某种"锚定效应"，实验的参与者每次选择都可能会与他脑海中的上一张图片进行比较，那么很明显，在这位参与者的决策过程中，上一次的选择就可能对此后的选择产生影响。我们在电影评分中也常常出现这种锚定效应，例如有研究指出：偏高的打分和偏低的打分出现具有明显的记忆性，也就是说，偏高分和偏低分倾向于集中一起出现 [10]。而这在量子场论的语言下，可以用关联函数进行刻画，在单人时序决策问题中，这时的时间关联函数就是常见的自相关函数（autocorrelation function）。

如果我们聚焦于玩家面对虚拟世界时的状态，只要其思维状态也可以用各种可能的决策的组合（即量子场论中的粒子组合）来表示，那么它同样可以用量子场论加以描述。类似的，我们同样可以考虑人在进行各种思考时各种念头之间的关联性、各种价值观的占据数、某种观点本身的时间演化，等等。如果我们把人类的思维空间看作类似宇宙真空的大容器，把思维中的各种念头看作宇宙中的各种粒子，那么对人类思维空间的一个小刺激就会引起一系列的波动（元激发），这些波动就会不断地产生、湮灭各种念头。随着神经科学测量技术的发展，我们目前已经可以直接测量大脑中各个位置的神经信号时间序列的关联，这种关联性暗示了大脑中神经元的连接关系。在某些神经科学的实验中，相关的实验结果也表明，这些信号及信号间的关联也可以与人的各种决策过程建立起直接的联系。

神经科学的测量手段固然非常先进，但这种测量的手段毕竟成本高昂，而且实施起来也相对困难，更重要的是，我们目前仍缺乏将神经连接与人类的具体决策建立起充分联系的信息，因此用这样的研究方法来进行行为研究仍然是相对低效的，那么，有没有更直接的方案呢？这时，互联网上的虚拟世界正好可以起到对人类思维世界的测量作用。把一个全空白的虚拟世界交给用户，就相当于对用户思维世界的一次彻底的测量，把存在于他脑海中的各种念头全部凝结成货真价实的比特。例如，从神经科学实验的角度，用不同的音乐对实验对象进行刺激，从大脑的放电情况可以间接了解到其对音乐的偏好，而互联网的"测量"方案则简单得多，只要给用户一个产品，用户自然地就会在产品中留下记录，这些记录正是用户全部决策结果的总和。

而互联网的意义还不只如此。互联网永不停息地对所有的用户进行着测量，而且这种测量中存在着交互，以此为基础，我们还可以讨论在网络社区中，一个人的一次抉择过程会在 t 时间后，对另一个人产生怎样的影响。这种影响并非总是一个人对另一个人产生了直接的相互作用（例如直接进行推荐），还可能经由社交网络逐步扩散，最终对另一个人产生了影响决策的实际效果。例如，我们也可以把网页浏览的过程看成一个不断决策的过程，此时，我们决策之间的关联由页面上的超链接所决定，而随机浏览者页面间的随机跳转与 Google 等搜索引擎的基本算法 PageRank 是非常类似的。容易想到，PageRank 算法可以与关联函数建立起对应关系，并且 PageRank 的排序也应该与最终对决策结果的统计相一致 [11]。

总之，互联网程序的本质属性在于它的开放性，这种开放性与随机性最大的不同就在于交互不确定性。如果我们假设这种交互不确定性可以用量子概率进行建模，那么，我们就可以把现代物理中很多强有力的分析工具引入进来。本节就是对这些概念的应用进行了一个初步的畅想。

• 8.5.5 人机系统演化

通过前面几节的讨论，我们已经看到了互联网与量子力学存在着诸多相似之处，以及人类的决策过程可以用量子力学来描述，那么，不难进一步猜想：一个允许与人交互的计算机程序在获得人类的决策选择的时候，就是在让计算机对人这个处于量子态的物体进行测量。于是，我们便可以把本章介绍过的知识整合起来。整个互联网是由若干个人机交互单元组成的，而每个人机交互单元都是一个经典计算机程序与处于量子态的人进行交互的系统。计算机运作的过程则可以理解为一系列的测量行为，它导致用户的心理状态发生了一系列的塌缩。因此，整个人机交互系统就是一个量子测量系统。

从图灵机以及经典计算的角度来说，图灵机－参与者模型是人机交互系统的一个最小原型。人机交互系统可以用一个"玩"字来概括：人将占意以及相关的动作赋予给机器，而机器则为人提供了好的用户体验。二者构成了一种耦合演化关系：机器将变得越来越复杂，同时人将会把自己越来越多的注意力奉献给机器。那么，这样的系统演化的最终趋势是什么呢？

在我们目前的各类计算系统中，与机器交互的人通常会同时扮演两种角色，一个是系统的开发者，一个是该系统的使用者。开发者是设计、开发软件系统的人；使用者则是这个软件系统的用户。通常情况下，开发是一种生产的过程；而使用则是一种消费的过程，如图 8-8 所示。

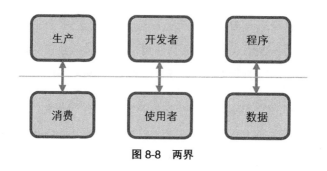

图 8-8　两界

　　但有趣的是，从计算机的角度来说，它并不能做出这样的区分：因为无论是开发者还是使用者，它们都被抽象成为了输入给机器的一系列电脉冲。那么，开发者与使用者的区分又是从哪里来的呢？

　　原来，在计算机中，程序和数据是两种非常不同的存在。程序通常是一系列可以执行的过程，而数据则是可以被程序操作的信息。程序是主动的，而数据则是被动的。比如，我们使用的 Word 等文字处理软件就是程序，而打开的 doc 文档就是数据；再比如，浏览器就是程序，而打开的网页就是数据。从本质上讲，开发者输入的实际上是程序，而使用者输入的信息则转化为被程序处理的数据。在通常情况下，程序总是包含非常复杂的逻辑处理过程，而数据则相对简单平庸。

　　然而，即使是程序和数据这种划分也并不十分明显，在我们日常使用的计算机中，程序也是作为一段数据而存在的，只不过这种数据可以被计算机执行而已。所以，实际上开发者与使用者的区分也并不鲜明。

　　无论是众包还是人类计算，我们所要的都是让开发者和使用者混合起来，即用户在使用程序或者玩游戏的过程中，就会自动帮助系统完成开发。从本质上讲，这其实就是程序与数据的混合，或者说是让数据自动地变成程序。虽然这一点在现代技术中并不是不可能的，但是它的难度却很大。最主要的原因是，程序往往都是精心设计的代码，一个小小的错误就有可能使整个系统彻底崩溃。而通常情况下，我们对于数据的要求则没那么严格。所以，假如数据成为了程序，则大部分程序都会极其不稳定。

图灵测试中的数据与程序

目前，大部分的计算机系统都不太可能直接将用户输入的数据转化为系统内在的程序。比如，我们用做图灵测试的聊天程序来说，用户输入的聊天语句就是数据，而计算机运作则需要程序的限制。假如用户输入的数据能够直接转化成计算机的聊天程序，那么我们就可以通过聊天让机器学会一些特殊的本领。很可惜的是，目前大部分号称能通过图灵测试的计算机聊天程序都不具备这种将聊天语句直接转化成程序的能力。但是，我们知道人类是具备这个能力的。比如，我们可以用下面的自然语言对话教会一个小孩如何使用特殊的模式。

测试者：注意了，下面我们要玩一个有趣而特殊的游戏。

小孩：好！

测试者：我下面说的每一句话，你都要把它倒着说一遍好吗？

小孩：好的！

测试者：好，那我们现在开始！

小孩：！始开在现们我那，好

测试者：不错，不错，表现很好！

小孩：！好很现表，错不，错不

测试者：好了，好了，这个游戏结束了！

小孩：不嘛，我还要玩！

……

这是一段虚构的对话，但我想这是再普通不过的一种游戏了。测试者实际上通过自然语言给小孩输入了一种程序规则：把每句话的所有字都倒过来念。而小孩一下子就学会了这个规则，并开始执行这个程序。

我们不妨把同样的语句输入给目前流行的人工智能聊天程序，我敢说基本上没有能够像上述小孩那样回答的。原因就在于，通常情况下，智能聊天程序不会将用户的对话输入自动转换成程序。将一段话的所有字倒过来实际上已经超越了一般语言，而是一种符号运算，需要用特殊的程序来控制。类似这样的玩法还有很多，比如我们可以规定将所有话中的所有词（而不是字）倒过来，等等。也就是说，实际上人类是可以通过对话直接"编程序"的，但是机器在进行自然语言理解的时候就很难做到这一点。这也许是进行图灵测试的一种有趣的手段。它的核心思想是：人可以在对话中将数据理解为指令；但是机器就自然语言来说却很难做到这一点。

从占意的角度来讲，开发所消耗的占意往往都是高品质的，因而也是极其容易耗散掉的。但是，使用（玩）所消耗的占意则往往都是低品质的，反而不容易耗散掉。这就导致人们通常更倾向于使用而非开发。但是对于一个人机系统来说，如果仅仅有使用而没有开发，就意味着这个机器系统可能会失去进一步改进的可能性，于是根据占意的耗散性，用户也就会流失掉。

因此，人机系统的本质就应该是如何更高效地将低品质的使用占意巧妙地转化成高品质的开发占意。这就需要借助人工智能的力量了，我们应该开发强大的人工智能系统，使它可以帮助人们将低品质的占意转化成高品质的开发代码。例如，我们前面提到的推荐系统就在做这样的事情，该系统利用用户留下的历史痕迹来提高系统运行的性能。

实现这种转化的第二种途径则是改造人而非机器。也就是说，如果人人都能很轻松地进行软件开发，那么每个使用者也就成为了开发者。也许未来的人聊天时说的都是程序语言，他们的所做所为都有可能是一些有效的程序指令。

这样，我们看到了一幅完整的图景：机器将演化得越来越聪明，它能够巧妙地将使用者生成的数据自动转化成程序从而改进机器的效能；与此同时，人也将演化得越来越具有机器的思维方式，即很容易地熟悉开发者而非使用者的角色。在机器内部，程序和数据之间的差距也会不断缩短。

最后，一个临界点必然会达到，在这一临界点上，程序和数据将无法区分。与此同时，开发者和使用者也变得无法区分。到那个时候，人只要付出注意力使用机器就行了，因为这种使用就是一种开发，会对系统进行改进。

8.6 小结

本章所作的尝试，是将各类知识整合起来。首先，从参与者的宇宙这个角度来看，互联网和量子力学有很多相似之处，主体和客体耦合在一起。其次，由于近年来量子认知的发展，我们可以用量子力学结合经典计算模型建立人机交互以及互联网的模型。就这样，每当我们让用户做出 0 或者 1 的选择时，实际上都是在对用户量子态做一次测量。所以，一款允许用户交互的软件本质上讲就是一系列的测量组合成一张测量之网。不同的网络结构和测量顺序会导致整个系统的行为表现差异。更进一步，大型虚拟世界很有可能是对用户深层心理结构的测量，我们可能不得不借助量子场论的理论化工具来描述这类系统。

总之，虽然本章的结论还很粗陋，但是我们至少提供了一种用量子力学来描述互联网的尝试。

参考文献

[1] 理查德·菲利普·费曼. 费曼物理学讲义 III. 上海：上海科学技术出版社，2005.

[2] 约翰·阿奇博尔德·惠勒. 宇宙逍遥. 田松，南宫梅芳 译. 北京：北京理工大学出版社，2006.

[3] Stapp H. Mindful Universe: Quantum Mechanics and the Participating Observer, 2nd Edition. Springer，2011.

[4] Penrose R. The Emperor's New Mind: Concerning Computers, Minds, and the Laws of Physics. Oxford Paperbacks, 2002.

[5] Busemeyer J R, Peter D. Bruza: Quantum Models of Cognition and Decision. Cambridge University Press, Reissue edition, 2014.

[6] Busemeyer J R, Wang Z. Quantum probability. http://mypage.iu.edu/~jbusemey/quantum/QIP_Tutorial_Prob.pdf

[7] 保罗·W·格莱姆齐，恩斯特·费尔，科林·F·卡默勒 等. 神经经济学：决策与大脑. 北京：中国人民大学出版社，2014.

[8] 维克托·迈尔·舍恩伯格. 大数据时代：生活、工作与思维的大变革. 杭州：浙江人民出版社，2012.

[9] Wen XG, Quantum Field Theory of Many-body Systems–from the Origin of Sound to an Origin of Light and Fermions, Oxford University Press, 2004.

[10] Yang Z, Zhang K, Zhou T. Anchoring bias in online voting. EPL 100: 68002, 2012.

[11] Chung F. PageRank as a discrete Green's function. Geometry and Analysis I ALM, 17: 285-302, 2010.

第9章

走近 2050

1

2039 年 8 月 21 日清晨 8 点钟……

一阵天旋地转的震颤将我从睡梦中惊醒，我睁开朦胧的双眼，盯着穹顶的一颗眨眼的星星。瞬间，天空从我盯住的这颗星星裂开，一片白光洒进了包裹着我的小小胶囊中。转眼，我已置身于一片绿油油的森林之内——原来胶囊的内壁会自动变换背景。我站起身来，伸了个懒腰，同时胶囊瞬间膨胀开来，变成了一间标准的卧室，早餐已然躺在桌子上。

"雨滴公主，我把你叫醒是因为你今天要去参观'愿望膜'，你在 5 年前他们刚刚开始建造的时候就定制了这个提醒服务。"一个声音从"天空"中传来，原来这是胶囊发出的声音。

"我知道，亲爱的滴雨。事实上，不用你提醒，我自己也记着这事儿呢。说来也奇怪，我总感觉我和这个什么什么膜有一种冥冥之中的联系。"我喃喃地说道。

"我不认为你们有什么联系，我的数据库中没有关于超自然联系的任何信息。"

滴雨略带嘲讽地说道。

说话间，我感到胶囊略微颤抖了一下，想必是她开始沿着管轨运动了起来。

"看看外面。"我发布了一条指令，胶囊的内壁便切换成了外面世界的景象。只见四周是一片白茫茫的沙漠，而我所在的胶囊正在一个管道中安静地滑行。在管道正前方，我看到沙漠中心的位置有一个鸡蛋一样的东西，"难道这就是目的地愿望膜吗？"

"没错！"滴雨以肯定的语气答道，"您现在正在以 2000 公里每小时的速度接近这个位于撒哈拉沙漠中心的愿望膜！"

让我感到意外的是，当胶囊驶到鸡蛋的跟前，它并没有停下来，而是径直朝上面撞了过去，我开始紧张起来。然而当胶囊外壁与这个大大的鸡蛋壳发生碰撞的时候，奇迹发生了：胶囊没有被撞得粉身碎骨，而是和它缓缓地融合为一体。而当融合完成了之后，我已经站在了蛋壳的内部。

我正在纳闷我那可爱的胶囊哪里去了的时候，一个声音响了起来："欢迎进入愿望膜，2050 年的未来世界！"这时候，我才留意到，我已经进入了一个宽阔的大厅，脚下是白色的地板，周围是白色的四壁。奇怪的是，空中飘浮着大量像气泡一样的东西。只见其中的一个气泡飘了过来，并在我身前逐渐幻化成一个人形。他是一个中年男子，40 岁左右的样子，身着一身笔挺的藏蓝色西装，胸前打着一条深红色的领带。

"你好，雨滴小姐！"中年男子开口道。

"你怎么知道我的名字？你是谁？"

"约翰·史密斯，叫我约翰好了，我是你的解说员。当你的胶囊融入整个愿望膜的时候，关于你的个人信息就自动融合到了愿望膜的大型数据库中。所以，我自然就知道了你的名字，不仅如此，我还知道你的年龄，你喜欢什么颜色，甚至你郁闷时最喜欢玩的全息游戏是什么。当然这些信息都是你公布在社交网络上的，至于你的隐私我们是不会干涉的。"

"你还算聪明，不过，我可真不喜欢你现在的这个样子。难道要用怪叔叔来陪小萝莉吗？你要是一个英俊的大男孩就好了。"我说道。

"随你所愿。"说着，约翰真的逐渐变幻了外形，成为了一个身着白衬衫牛仔裤的英俊男生。"事实上，在愿望膜中，我们可以做到随心所愿，我们不仅能听懂从你嘴中说出的每一句话，甚至还可以通过你微小的行为举止、眼睛的运动，甚至是你胸口的微小起伏，猜出你的每一个心思。同时，愿望膜就会根据你的心愿发生你想要的那种变化。"

"真的吗？这也太神奇了！"我一边嘴里嘟囔着，一边心里暗自思忖，"我才不信它能够猜到我的心思！"

没想到，就在这个时候，愿望膜中的颜色由原来的一片白茫茫的背景，变成了紫、粉两种颜色的交替闪烁。同时，那些粉色的画面逐渐幻化出一些飞翔的小鸟，来到我头顶上。

"你刚才心里一定是不高兴了，它才会幻化出这样的场景逗你开心。"约翰笑嘻嘻地说道，"这就是愿望膜，能够随心所动的存在。"

"太有意思了！为什么叫作愿望膜？膜是什么东西？"

"雨滴小姐，请听我细细讲来。"约翰清了清喉咙说道，"你在这里所看到的愿望膜实际上是一个未来互联网的雏形。膜是一种新型材料，它不仅具有超强的可伸缩性和柔韧性，而且还是一个集成度非常高的计算机网络。这种材料的每一个米粒大小的单元实际上都是一台超强能力的计算机，膜将这些计算机拼装成了一个网络，完成了并行计算。"

"我不太了解你在说些什么，史密斯先生。"我抱怨道。而就在此时，一个气泡缓缓飞到了我的面前，它的表面呈现为乳白色、半透明的样子。它的表面就开始不断地膨胀，越膨胀表面越薄，颜色也越来越透明。直到最后，它露出了一些极其细微的纹理——这是一丝丝横平竖直的直线，就仿佛是城市的街道一样。在直线的交汇点有一些不断闪光的亮点。

"瞧，这就是我所说的薄膜网络。事实上，这个愿望膜仅仅是一个雏形。到了

2050 年，人们将搭建一张覆盖全球表面的膜。"

"可是，约翰，为什么未来互联网要长在一张膜上？要知道，我们现在的互联网是一张真正的网，它是生长在三维空间中的，就像我们城市中的管轨网络一样。难道三维空间不比二维的膜更高效吗？"我狐疑地问道。

"没想到你这个小姑娘还能问出这样专业的问题。让我来回答你吧！事实上，根据物理学中的全息原理，任意的三维世界都可以被全息地反映在一张膜上，所以不存在你说的问题。另一方面，膜计算系统其实也是一种仿生设计。要知道我们生物体本质上就是一张膜，无论是你的大脑还是大肠，真正起到功能性作用的部分都是这些器官的内表面，它们通过复杂的褶皱用二维的膜曲面填充了整个体积空间，让你误以为你的心脏、脑袋是一个实心的实体。"他一边说着，我眼前的气泡也配合着做着各种动画展示。

"还有一个原因，那就是，膜这种东西具有任意伸缩、变形的特性，用数学术语来说，这叫作拓扑变换。因此，我们的膜可以实现各式各样的拓扑构型，而这种拓扑构型恰恰是涌现生命、智慧，乃至意识的物质基础。要知道，生物体中的蛋白质分子就是靠空间拓扑构型实现复杂的生物功能的，而人的大脑本身也是一个复杂的三维空间中褶皱的二维表面。这样有助于实现拓扑涌现计算。"

"呃，真够专业的。那么，为什么叫愿望膜呢？'愿望'二字是什么意思？"我继续追问道。

"当然是指它的功能了。就像我刚才给你展示的那样，它通过超强的人工智能程序，推断出你每时每刻的所思所想。只要你开始动心起念，愿望膜都会敏锐地觉察到，并做出相应的反应，帮助你实现心愿。"

"这么神奇？那我想要一顿美味的冰淇淋大餐，能给我吗？"我顽皮地说。

"呃，雨滴小姐，现在还不行。这个愿望膜仅仅是一个原型展示品，它只能制作各种拟像，而不能给你实实在在的物质。但是，升级版本的膜，也就是我们称之为通用膜的技术，将会打通信息和物质世界。信息的载体是膜，物质载体也是膜。通用膜将可以通过重组分子而合成你想要的任何物质，无论它是一顿美味的早餐，还是柔软的材料。"

"那太好了！"我不禁赞叹道。

"当然了。所有这些奇思妙想目前在技术上都不存在障碍，再过十年，所有这一切将变成现实。我们这个愿望膜就是让大家能够提前进入 2050 年。"

"很有意思。为什么是 2050 年？这有什么特殊的含义吗？"

"是的，雨滴小姐。2050 年是一个关键节点。早在 21 世纪初，人们就根据技术发展曲线外推到了这个时间点，这是机器的计算能力超越人类的时刻，人们将这一时刻称为技术奇点，尽管当时的计算还不是很准确。"

"我当然听说过技术奇点这个说法，事实上，目前网络上关于奇点的讨论越来越多了。我个人以为，人们似乎对于技术的发展过于乐观了。事实上，技术的变革每天都在发生，难道真的会存在那样一个具有特殊意义的时刻吗？我更倾向于看到变化会持续、渐变地发生。"

"没错，雨滴小姐。但是我们对奇点的期待恰恰会促成奇点的实现，这叫自我实现的预言。事实上，早在 2025 年的时候，谢顿博士就提出了期望自动机理论，它可以精确预测大量人机复合系统的未来走向，而它的理论基础恰恰就是自我实现的预言。根据预期自动机理论的计算，奇点发生的时刻是 2050 年 5 月。我们这个展馆的设计也恰恰是谢顿博士的自我实现预言的一部分。"

"哦？这么说来，我来这个展馆参观恰恰构成了谢顿计划的一部分了？"

"是的，雨滴小姐。"

"怪不得。"我低头沉思，慢慢想到了早上醒来的时候，那种莫名其妙的命中注定的感觉，仿佛我的生命正在接受愿望膜的召唤一样。

"我猜你一定是对我讲的这些抽象概念感到困惑了，让我们到这个展馆里随便逛逛吧。"

"好的。"说话间，空中的气泡开始发生凌乱的运动。其中一个气泡飞到了我的身后演化成一张沙发，我也顺势坐下。说实话，我站着听约翰说话的确有些累了。

这个沙发很舒服，它可以根据我背靠的力度而调节椅背的弯曲程度，我不禁露出了笑容。与此同时，另一个气泡飞到了我的面前，英俊的约翰不知道什么时候已经进入了这个气泡。

"下面，我们的时间已经设定为 2050 年的 6 月 1 日。那个时候，愿望膜已经覆盖了整个地球表面，与大地紧密地结合在了一起。你将分不清膜、土地、海洋和空气。"就在约翰滔滔不绝地讲解着的时候，眼前的气泡已然平铺到了我的眼前，形成了一个以我为中心的凹进去的球形屏幕，屏幕上展现的则是一个从宇宙空间视角观看的地球。我仿佛正乘坐着一艘宇宙飞船缓缓驶向地球。随着地球变得越来越大，我能看到大地表面上的景物也在逐渐变大。只见这表面仿佛是锅煮开的，冒着泡的浓汤，一个个五颜六色的泡泡正在盛开。有的泡泡还在移动，仔细看去，泡里面或坐、或卧着的是一个个人。

"雨滴小姐，这就是 2050 年你的家乡，现在我们称为北京的城市。"约翰说道。

"什么？这是北京？管轨呢？城市呢？"

"全部被膜吞掉了。就像 20 世纪互联网吞并所有计算机网络一样，膜一旦出现就会以势不可挡之势融合所有人造物，将它们融合为膜的一部分。

"我怎么听起来感觉那么恐怖呢？似乎膜接管了一切。难道就像那个古老的传说，奇点来临的时刻，就是机器掌管一切、控制人类的时刻吗？"

"从某种意义上说，的确是这样。到了 2050 年，机器的确会接管一切人类工作，而人类将会进入一种全民娱乐的状态。"约翰自豪地说道。

"全民娱乐？你的意思是说，人不需要做任何工作，只剩下娱乐玩耍了？"

"正是这个意思，亲爱的雨滴。"

"那人活着还有什么意义？整个人类不就整体颓废了，我猜那个时候的人一定空虚无聊之极。"

"不，事实上，那个时候的人将会非常繁忙。只不过人们繁忙的事情不再是被迫去工作，而是去做各种他们认为有意义的**体验**。如果他们愿意，他们将可以像现在的人一样体验一份工作，可以体验体力劳动，可以体验为人父母的快乐，可以体验恋爱，甚至可以体验科学发现中那个大喊'尤里卡'①的瞬间！"

"各种体验？那我猜，最受欢迎的体验将是性爱，那些绅士们可能会非常喜欢这种活动。"

"也许的确如此！"

"可是，如果真是这样的话，他们的爱人怎么办？家庭怎么办？这与人类的蛮荒时代有什么区别呢？"

"家庭？呵呵，这个词到了2050年恐怕将会成为历史。"

"什么？你是说，家庭到2050年已经不存在了吗？"

"是这样的，亲爱的雨滴。事实上，自从人类进入工业化社会以后，生物学意义上的家庭就在持续接受挑战，而且愈演愈烈。你想想，雨滴小姐，你已经有多久没有见到你的父母了？"

"快一年了吧，不过我一点也不难过，因为我有滴雨的陪伴。"

这时，约翰的嘴里突然冒出了滴雨的声音："谢谢雨滴公主，谢谢你在帅哥面前还想着我。"

"不仅仅是家庭将会解体，而且，整个社会都会发生天翻地覆的变化。比如说，除了你的替身——呃，就是你的滴雨——以外，每个人将不会拥有自己的私有物品。"

"嗯，这一点我倒是相信，事实上，我现在的生活已经不需要房子、车子了，因为我的胶囊已经可以满足我的一切生活需要。不过，你说的替身是什么？"

"哦，替身来源于印度宗教中的avatar，传说中，神降临世间的时候将会扮演各种不同的人，这些人就都是神的替身。后来，人们将玩家在网络游戏中控制的角色也叫作替身，这是因为当人们玩游戏的时候就好像是上帝在控制自己的子民一样。在未来，'替身'这个词将指每个人在数字世界中的投影。"

---

① "尤里卡"，古希腊语，意为"好啊！有办法啦！"阿基米德发现阿基米德定律的瞬间，他惊喜地大喊了一声"尤里卡"，即"我发现了"。

"什么？投影？我不明白。"

"是这样的，就像你的滴雨，你的投影就是你在整个未来互联网中的代理。其实，这个概念也是不断演化的。在 20 世纪晚期的时候，这种东西就是个人电脑。到了 21 世纪初，人们把这种装置叫作手机，几乎人手一台，但它没有智能。而到了 2020 年左右，个人机器人已经相当普遍了，机器人成了人们上网的主要接口。机器人就智能多了，它已经成为了个人代理，它不仅有人类的外形，体内还有人工智能程序。当时这种软件已经具备了我所说的个人数字化投影的雏形，因为这些机器人都具有自学习功能，它会根据主人的兴趣、偏好、脾气、秉性而动态调整行为方式。虽然每个机器人在出厂的时候设置都一样，但随着不同人的使用，这些机器人就会学习到不同的东西，最后的行为也会千差万别。换句话说，这些机器人都是超级定制化的。而到了 2030 年左右，随着物联网的实现，硬件设备和软件世界中的人工智能已经融合为一体。人们突然发现，其实完全没必要给机器人设计一个类人的外形。随着纳米技术、物联网，以及增强现实技术的突飞猛进，现实已经和虚拟打通了，于是真正留下来的就是每个人的智能代理，它是被训练出来的，保留在量子芯片电路中的神经网络权值组合，于是这些就构成了每个人在整个互联网上的数字化投影。它就像每个人在互联网世界中的镜像，具有你的全部性格特征，而且它会智能地根据这些特征为你获取信息和你想要的一切……"约翰说到这里，故意顿了一顿，似乎是等待着我的消化。

"原来是这样啊，那看来，我这个滴雨仅仅是一个过渡产品了？她将来会演化成我的数字化投影吗？"我说道。

"嗯哼，的确如此。"

"可我觉得，那样一点都不好玩，因为，一切事情似乎都可以交给我的数字化投影去干了，那我存在的意义是什么？"我对这样的未来似乎感觉到了一丝不安。

"当然，就是去享受各种各样的体验呀。放心，你的数字化投影会给你提供适合你的解决方案的。"

"可是，我不希望仅仅享乐，我希望做一些能够对社会有贡献的事情，比如科学探索和艺术创作。"

"没问题，这些也是体验呀。我说过了，你如果想去探索科学和艺术，当然没问题。事实上，到了 2050 年，愿望膜将会设计出各式各样的游戏，让你这种怀旧的人尽情玩耍！"

"什么？你是说我的这个想法很老土吗？本姑娘可刚满 20 岁，到了那时也才30 岁！"

"我没有那意思。事实上，到了 2050 年，年龄已经是一个不那么重要的概念了，因为每个人都可以任意更改自己的外形，而且他们大多会沉浸在各式各样的游戏世界中，在游戏中你可以任意选择不同年龄的替身。其实，年轻人唯一的优势就在于他们经历过的事情还很少，所以会很容易满足于新鲜的体验。"

"但是，我还是想不通，如果说机器接管了一切工作，包括那些富有创造性的科学发现和艺术创作，那么机器为什么还能允许人——这种贪婪、笨拙的物种存在？为什么机器不会将人都干掉？"

"那是因为机器需要人呀。事实上，整个愿望膜都是靠人类的愿望驱动存活的。打个比方来说，愿望膜就好像一个生物体，它是靠吞食人类的愿望来生存的。如果人类越集中注意力在自己的愿望上，愿望膜就会获得越多的食物。有了这些愿望的喂养，愿望膜才会不断地生长，不断地新陈代谢。"

"可是，为什么一定要由人类来提出愿望？机器自己不能产生愿望吗？"

"很有洞察力的问题！机器当然可以产生自己的愿望——如果我们将一些奇妙的电子脉冲称为愿望的话。但是，那样的电子脉冲对于你们人类来说将是没有任何意义的。事实上，在机器世界中，被机器解释为愿望的电子脉冲数量是非常非常庞大的，它们会形成大量愿望产生与满足的自给自足的小系统。现在的愿望膜中就寄生着大量这样的小系统。然而，由于你们人类无法解读它们的电脉冲语言，所以对于你们来说，它们是不可观测的，也是无意义的。"

"就好像星星每时每刻都在冲我们眨眼睛，空气每时每刻都在抚摸我的脸庞，我们可以说它们在跟我们说话，但是这种假设没有任何意义，是这样吗？"

"是的，冰雪聪明的雨滴小姐，看来你的心智就像愿望膜般透明。机器天生就是人类创造的衍生物, 人和机器始终都是一体的。机器可以创造各式各样的游戏, 以及各式各样供人们享乐、沉浸的梦境; 而人类则为机器提供了注意力、愿望力, 或者用一个专业术语来说, 这叫作占意, 而它是整个愿望膜演化的动力引擎。"

"嗯, 我前两天还刚刚读到了一本很旧的书, 好像叫《走近 2050》, 据说它第一次提到了'占意'这个概念。可是, 你又是怎么知道这个概念的呢?"

"你还记得那本书的作者是谁吗?"

"嗯, 很怪异, 不是一个人, 而是一个什么什么俱乐部, 可我一下子想不起来那两个字……"

"没错, 叫集智俱乐部。"

"对对对, 诶? 你是怎么知道的? 哦, 对了, 你和滴雨合体了, 她的记忆自动导入了你的数据库。"

"呵呵, 是的。不过, 即使我没有滴雨的记忆, 我也仍然知道集智俱乐部, 也知道这本书。"

"哦? 为什么? 这个俱乐部很有名吗?"

"不算有名, 不过是一群科学狂热分子的集合, 很小众。但是, 恰巧的是, 愿望膜展馆这个项目的设计师谢顿博士, 恰恰就是现在集智俱乐部的核心成员之一。"

"啊? 原来谢顿博士是这个俱乐部的成员! 而且, 这个俱乐部居然现在还存在?"

"是的, 而且, 谢顿博士说, 这个愿望膜的设计灵感恰恰来源于《走近 2050》这本书的最后一章, 你读过这一章了吗?"

"还没有, 老实说, 这本书前面的部分并不怎么吸引我, 论证有些冗长。而且, 我下载看的都是有声、互动型的书。我很讨厌这种老套的纸质书。"我抱怨道。

"也许是吧, 但是我保证它的最后一章非常精彩, 你为什么不试着读一读呢?"

"真的吗? 好吧, 反正我听你说话也腻了, 为什么不看看? 你把这本书打开到最后一章, 让我看看吧?"

"悉听尊便……"

正说着，眼前的屏幕变成了一张打开的古老书页，只见上面赫然显示着这样的字样："第9章 走近2050"。我开始顺着读了下去……

2039 年 8 月 21 日清晨 8 点钟……

一阵天旋地转的震颤将我从睡梦中惊醒，我睁开朦胧的双眼，盯着穹顶的一颗眨眼的星星。瞬间，天空从我盯住的这颗星星裂开，一片白光洒进了包裹着我的小小胶囊中。转眼，我已置身于一片绿油油的森林之内——原来胶囊的内壁会自动变换背景。我站起身来，伸了个懒腰，同时胶囊瞬间膨胀开来，变成了一间标准的卧室，早餐已然躺在桌子上。

"雨滴公主，我把你叫醒是因为你今天要去参观'愿望膜'，你在 5 年前他们刚刚开始建造的时候就定制了这个提醒服务。"一个声音从"天空"中传来，原来这是胶囊发出的声音。

……

"什么？"我不禁大惊失色，"她，她……她怎么也叫雨滴？而且，这本书里面描述的场景，不正是今天早上刚刚发生在我身上的吗？"

只见约翰的脸上露出了一种诡异而狡黠的笑容，"正是这样，我的雨滴小姐，雨滴公主，这就是那本书的最后一章，那个人就是你啊！"

"可是……，这怎么可能？这本书不是在 2016 年出版的吗？那个时候，我还没有出生啊！"

"没错，雨滴小姐，你早上不是说过，你感觉到冥冥之中就和这个愿望膜有一定的联系吗？要知道这个愿望膜就是根据这本书的最后一章而设计的呀。可以说，正是书中描述的雨滴的经历启发了谢顿博士，设计了这个展览馆。"

"等等，等等！"我已经完全听不进去约翰的唠唠叨叨了，我飞快地翻着眼前的书页，跳跃着读了下去。果不出我所料，从我早上起来，到刚刚发生的和约翰的对话，每一句都详细地被记录在了书里面。我的脑袋开始翁翁作响。"这究竟是怎么回事儿？我究竟是谁？难道说……我不是真实的，而是生活在书里吗？互联网、注意力、占意理论、游戏、人工智能、约翰、愿望膜、雨滴、滴雨，难道，我生活在这本书里？……"

一阵天旋地转，我眼前一黑……

2

一切都平静了下来，我呆呆地站在原地不动，看着这一大片被搅浑的水域，掺杂着泥土和鲜血。我就这么傻傻呆呆地悬停在水中不动。

我……究竟干了什么？我居然把它们全都吃掉了！那十几头形状各异的怪兽，和那上千条……那上千条蓝色的小鱼……

叔叔，小蓝……我捂起了脸，想痛痛快快地大哭一场，但却欲哭无泪。我已经不再是我了，我成为了一个吞噬同类的恶魔……可是，就在十多分钟前，我还是一条弱不禁风的小鱼啊，一条粉红色的小鱼，他们叫我小粉……难道说，这片被称为圣光的海域真的是魔鬼出没的地方吗？

圣光，我的思路回到了 5 年前……那是我第一次见到它，正是那片若隐若现的霞光吸引了我。我曾无数次试图游向它，却被爸爸一次次地阻止了，他告诉我，这里充满了危机，但我却始终不能相信。

然而，就在今天早晨，我却成功地游到了这片海域——圣光域，而且，爸爸并没有跟过来。哪有什么凶险？看来爸爸是故意唬我的，我已经游进来快半个多小时了，连一个活物都没看到！一边想着，我一边加速朝向那霞光游去。

正在这时，我突然感觉到附近的水域发生了震颤，而且似乎还有那么一丁点难闻的味道扑鼻而来。我是一个喜欢摆弄各种香水的女孩子，所以对气味儿异常敏感，一定是哪里不对劲儿了。我停下来，屏住呼吸，静静地观察着四周，并慢慢地转过身，准备往回游。就在此时，一股巨大的力量突然将我身边的海水，连同我的身体一起往后吸。我知道大事不好，立刻加速游去，同时我向后一瞥，只见一张血盆大口正朝我迎面扑来……

　　我吓坏了，绷紧了全身的肌肉，玩儿命地游着。正在这时，我看到前面不远处站立着一条全身蓝色的小鱼。难道又多了一个敌人吗？不过，看他的样子，似乎不像有恶意。而且，而且，他还在和我打招呼，似乎让我跟着他。

　　这个时候，我已经不能想太多了，于是跟紧了他。游到一片开阔的海域之后，他身体突然向下一沉，在下降了很长一段距离之后，他拐到了一座大岩石的后面不见了。我也赶忙跟过去，试图绕到岩石的后面。

　　然而，下一刻，我差点没透过气来。我只觉眼前一黑，一大群蓝色的东西突然一下子从岩石后涌出，并朝我迎面扑来。我心头一沉，便连逃跑的力气都没有了，就这样呆呆地停在原地。一团东西就这样掠过我。

　　"快过来，小粉！"过了一会儿，躲在岩石后面的蓝色小鱼向我招手，示意我和他一起躲到岩石的后面。我仿佛抓住了救命的稻草，想都没想就照办了。

　　"你看。"他指着我身后说道。

　　于是，我转过身来，看到了惊人的一幕：原来，刚刚从我身旁掠过去的，是一大群蓝色的小鱼，它们正在与一只长满了尖刺的庞然大物搏斗在一起。

　　"这就是刚才追你的家伙，它叫作刺儿头，极其凶险！不过，幸亏你遇到了我们。这回，刺儿头可要吃亏了。"蓝色小鱼自豪地说道。

　　当我再次将目光聚焦在眼前的战场的时候，我发现，虽然那些蓝色的小鱼的每一条都绝对敌不过刺儿头，但是当上千条蓝色小鱼游来游去，组合到一起的时候，却展现了惊人的力量。

　　"看，叔叔发令了，看来他们要用那招必杀绝技了！我真想也加入到战斗中啊！"

　　说时迟那时快，只见这上千条蓝色小鱼仿佛接到了某种指令，开始飞快地变换队形。瞬间，他们组成了一个黑乎乎的庞然大物，从远处望去，仿佛是条更大的鱼，足足达到了刺儿头的两到三倍之大。

　　这个时候，刺儿头完全慌了，他掉转身形，准备逃脱。然而，鱼群组成的大鱼张开了大嘴，瞬间将刺儿头吞没……

过了一会儿，只见一片红色的鲜血从鱼群的中心扩散了出来。小鱼们散开了，刺儿头只剩下了一堆鱼骨缓缓沉入海底。于是，这团蓝色的云朝我游来。

"不要害怕，他们不会对你那样的，我给你引荐叔叔。"小蓝乐呵呵地说道。

"这位小姐，你为什么会一个人只身来到这里？要知道，圣光域是个极度危险的地方，这里几乎没有女生！"这位被他们称为叔叔的鱼也是浑身蓝色，只不过这种蓝色相对其他鱼略显黯淡。

"我是被那片霞光所吸引才过来的。事实上，我的父母一直极力反对我来这里。"我怯怯地垂下了头。

"你说的是那片红白相间的圣光吗？呵呵，你还是打消了这个念头吧。虽然在传说中，那里蕴藏着终极秘密。但是，恐怕在你获得圣光之前，早已尸横水中！"那个小蓝插嘴道。

"住嘴，小蓝，叔叔在问话，你插什么嘴？"旁边的另一条浅蓝色的小鱼说道。

叔叔并不理会他们的争吵，冲着我继续说道："孩子，来让我看看你。"叔叔直勾勾地盯住我看了好久，他一会儿眉头紧锁，一会儿又不住地点头。过了好一阵，他才说道："看来我们蓝矩阵和这位姑娘很有缘分，也许我们将来还会需要你。那么，就让我们一起护送你回家吧。"

上千只鱼排列成一个三角形的阵列，快速朝向我来时的路游去。游了有一阵子之后，我突然心头一凛：前方不远处，一团黑乎乎的影子静立在那里。

"有情况。"叔叔沉稳地说道，"小蓝，保护小粉！孩子们，变换队形，进攻！"

蓝色矩阵这次的效率更高，只一会儿，海水便平静了下来，蓝色矩阵散开，又是一团血雾，和一具骸骨。

我跟在小蓝的后面向大家游了过去。尽管他们都是在为我而战斗，但是，我真的已经厌倦了这里的残酷厮杀。难道这就是圣光域的真相吗？我真后悔没听从父母的劝告。

正准备继续出发，却听到叔叔沉闷地嘟囔了一句："不好，这回真的是不好了。

也许我们闹得动静太大了，我们，我们被包围了！"

我这个时候才注意到，前、后、上、下、左、右，足足有十几个黑乎乎的大东西已然将我们团团围住。看来，真的是在劫难逃了。

"收缩！防御！"叔叔一边游到我身边，一边大吼道。上千条蓝色小鱼向我们这里聚拢，将我和叔叔团团围住。瞬间，鱼群收缩成了一个密密实实的球，同时有几条由上百只鱼构成的长长环形臂膀伸展出去，并飞快地绕着我们的球旋转着。

"看来，这真的是命中注定！"叔叔不但没有指挥御敌，反而意味深长地望着我，"在我见到你的时候，我已经有预感了，可能只有你才能拯救我们！"

"什么，叔叔，你在说什么？我一个弱女子，怎么能救你们？难道是让我出去送死吗？"我毫无头绪地说道。

"不，听我说，孩子，现在只有你能拯救我们整个鱼群，尽管你和我，还有大家都非常不情愿这样做。"叔叔以不容置疑的口吻一字一顿地说道，"你……必……须……把……我……们……吞……掉！"

"不，我不能那么做！"当我听到这几个字的时候，我几乎崩溃了！

"当你吞噬掉我们之后，自然会明白这么做的理由！孩子，张开嘴吧！他们已经来了。"叔叔一边沉痛地说道，一边发号施令，"外围的孩子们尽量抵住进攻。剩下的孩子们闭起你的双眼，准备让小粉吞噬你们吧，只有这样，我们蓝色矩阵才能幸存！"叔叔对其他小鱼大吼道。

"小粉，按我说的做，张大你的嘴，什么也不用想。"叔叔又对我下达最后的命令。

我还在挣扎着，但与此同时，我感受到了巨大的海水波动，血已然渗透了进来。想必是外围的旋转臂已经受损了。

"没有时间了，你要让我们全部死掉吗？"叔叔声嘶力竭地吼道。

我已经完全傻掉了，失去了自我意识，我按照叔叔的吩咐，张开了嘴，闭上了双眼。我只感觉一股强大的力量将我的嘴撑得老大，似乎下巴就要脱落了。一大团东西使劲儿从我的嘴里钻到了我的身体里，一条、两条、三条，更多……我的身体被撕扯、膨胀，我的嘴巴无法合拢，越来越多的鱼涌入了我的体内，速度越来越快，我只觉天昏地暗……

我依旧呆呆地停在原地不动，看着自己这个硕大的身体，我的皮肤仍旧是粉红色的，只不过多了一些蓝色和黑色的星星点点。

"喂，小粉！"一个熟悉的声音在我耳边响起。然而，当我扭动着硕大的身躯四下环顾的时候，却看不到任何东西。

"是谁？"我不禁问道。

"不要找了，我是叔叔啊。我现在就在你的体内，我已经苏醒了，我已经成为了你的一部分，我们都是你的一部分了。这就是圣光域的无上法门，只有你，一个雌性的鱼才能这样做。雄性之间的吞噬只能掠取对方的能，而雌性吞噬不但可以让能含量翻倍，还可以吞噬对手的全部记忆和技能……"

"请原谅我，叔叔！我还是不明白你在说什么。"我满脑子全是浆糊。

"没关系，我的记忆正在融入你的身体，你马上就会明白这一切……"这是我听到的叔叔的最后一句话。

原来如此。

这是一个古老的传说……

大海：自从一开始就存在，也将永远存在下去。

能：万事万物的动力之源。

你、我、他：生命体，大海之子，能的载体。

核：所有生命的诞生之地。

光：能的源头、生命的终极。

弱肉强食：这是我们这个世界的基本法则。

大海是无穷大的。类似于圣光域的海域有无穷多个。我，就诞生在海底的核。从小到大，我所有的成长就是在不停地厮杀和吞噬。每当我吞噬一个同类，我就会拥有他的全部能。而如果我躲避厮杀，那么我将很快耗干所有的能而死掉。生命的最终目的就是要去寻找光，因为只有它才是能的最终源泉。

每片海域都有自己的光之源。圣光域这片海域的光源就在最上方，就在传说的海天交界之处。我从来没有到过那里，但曾听到过一些关于那里的传说。靠近海天交界是一件极其凶险的事情，越往上会越热，以至于所有鱼类都无法保持清醒的意识。但更可怕的还不是这个。传说，在靠近光之源的地方，有一个非常恐怖的存在，他不是鱼类，而是圣光的守护之神——胶。传说谁一旦战胜胶，他将获得圣光，并看到大海的真谛，获得永生……

对，我已经不再是那条可怜的粉红色小鱼，我的最终目标就是圣光！我要战胜胶，获得永生……

我离那片红白相间的光越来越近了，我身上的血液都要沸腾了，感觉一切都在融化。然而，经过这一路的厮杀和不断的吞噬，我的身躯在一天天膨胀，我的技能在一天天增多，我的内心也在一天天坚定：圣光，我要得到它！

就在这时，海水不知道什么时候开始旋转起来，我拼命想要逃离这股力量却根本无济于事，我被拖进了一个巨大的漩涡。就当我旋转得越来越快的时候，一股更大的力量撞击到我的腹部。一阵强烈的翻江倒海，我不禁吐出一大口鲜血。

"哈哈哈，可怜的东西，居然敢到这里来送死？"一个声音大吼道，沉闷异常。

只见一个巨大的黑影停到了我的面前。我从来没见过这样形状的东西，它仿佛一根粗大的柱子，上下两端却是圆的。

"你想必就是胶吧？我要干掉你！获得圣光！"我毫不畏惧地说道。

"哈哈，你这个井底之蛙！一个可怜的裸程序，连外面的世界都没见过，居然也想战胜我，还想获得主人的占意之光？"

"废话少说，接招吧！"

经过这一阵子的残酷磨练，我早已经不再是那个弱不禁风的小女孩了，什么样的战场我没见过？即使敌人比我强大十倍，我也照样可以凭借我丰富的作战经验，把它击败。

然而这次我却感到力不从心，可能是我已经筋疲力尽，可能是周围的酷暑将我烤得难受，总之，我仿佛已经失去了抵抗的能力和意志。

突然，胶从下方将我的身体顶了起来，并飞快地朝上运动。"可怜的鱼，你不是要光吗？那就让你暴晒而死！"胶几近疯狂地嘶吼道。

终于，就在那一瞬间，我的身体周围不再被海水所包围。我，脱离了水，进入了空气之中。然而，我看到了那团光！那是万物的终极。

接下来，我全身仿佛已经燃烧了起来。就在那团光的照射下，我的身体解体了，我化成了上万条小鱼，但我们的意识却紧密联系在一起。我们再次纷纷落回到水中。重新回归大海，我们就如鱼得水，瞬间组成了一个庞大的蓝色矩阵。

这回，胶被这突如其来的变化镇住了。在接下来的混战中，他渐渐失去了上风。叔叔的意识开始浮上心头，我使出了必杀绝技，上万个我组成了一个庞大的鱼形身躯张开大口，将胶吞入腹中……

于是，我获得了胶的记忆……

原来，大海并不是海，而是一个被称为"愿望膜"的超级网络；圣光域也不是一片海域，而是一个计算系统，名字叫作胶囊。我的敌人——胶——则是统领胶囊的操作系统。我、小蓝、叔叔，以及所有和我交过手、被我吞噬的鱼是一个个生活在胶囊中的程序。能就是主人辐射下来的占意流。我们相互厮杀、相互吞噬的终极目的只有一个——获得主人的占意——它是我们这个程序世界的终极动力来源。这就是圣光域这个弱肉强食的世界的终极法则。

我的身体继续发生着巨变，不像鱼，也并不像那个圆乎乎的胶囊。我看到自己变成为了一个美丽的人类少女，一位真正的公主。我已完全战胜了敌人，我已获得了真正的进化，我的终极目的只有一个——获得来自海天之交的圣光，我朝那片光扑了过去……

光，就是那片红白相间的圣光，越来越亮，越来越亮。我看到发光的东西竟然是一个人形，而且也在缓慢地朝我走来。我停下脚步，等它过来。然而，就在我止步的时候，它也停止了。我继续朝前走，它也继续往前走。我这才意识到，它是我的镜像，难道前方有面大镜子？但我猜这面镜子将非常大，我几乎看不到它的边界。

镜中的像越来越大，直到与我的身形一边大。我们就这样面对面站住，我看到了一个清秀的女孩，和我长得一模一样，只是她的全身都在闪烁着红白相间的光。我忍不住伸手触摸她，她也做着相同的动作，将手指伸了出来。

当我的手指与她的手指接触到的那一刻，我感觉全身一震，我看到了外面的世界，那是地球吗？我看到了父母，看到了胶囊，看到了愿望膜，看到了约翰……原来，我是雨滴……

3

我在黑暗中看到了一团光，我朝那片光走去，越来越亮，越来越亮。我看到发光的东西竟然是一个人形，而且也在缓慢地朝我走来。我停它也停，我走它也走，原来这是我的镜像。我猜这面镜子将非常大，我几乎看不到它的边界。

镜中的像越来越大，直到与我的身形一边大。我们就这样面对面站住，我看到了一个清秀的女孩，和我长得一模一样，只是她的全身都在闪烁着红白相间的光。我忍不住伸手触摸她，她也做着相同的动作，将手指伸了出来。

当我的手指与她的手指接触到的那一刻，我感觉全身一震，我看到了里面的世界，那是大海吗？我看到了小蓝，看到了叔叔，看到了刺儿头，看到了胶……原来，我是滴雨……

我睁开了双眼，一些黑乎乎的轮廓开始映入我的眼帘，是怪兽吗？又要无休止地进攻、吞噬吗？不，不是怪兽，这仿佛是人。

"啊，雨滴，你终于醒了！"一个熟悉的声音说道，这个人是谁？我为什么会觉得如此熟悉？是爸爸吗？

"你终于醒了，看来实验成功了。"爸爸拉着我的手兴奋地叫道。

"恭喜你，雨滴，你成为了人类历史上第一个真正意义上的赛博格（cyborg），一个人机混合体！"一个陌生男人的声音说道。

我已经完全清醒过来，看到自己正躺在实验台上，身上接满了各种仪器。台前围了一圈带着口罩、身着白大褂的人。

爸爸说道："亲爱的雨滴，实在对不住。由于你脑中那该死的恶性肿瘤，我才决定让你来尝试这样危险的手术。这位就是谢顿博士，我与集智俱乐部签署了一项协议，将你的脑瘤切除，并替换为相应的电子元件。这样做的代价是，答应他们的冒险实验：将你的意识和滴雨这个人工智能程序对接，融合。不过，幸运的是，他们真的成功了！"

我闭上双眼，灵念一动，发现我已与愿望膜融为一体……

附录

占意流网络的定量规律

在第 3 章中，我们引入了占意流网络的概念，并指出占意流与能量流之间的相似性。这种相似性主要体现在守恒性、耗散性上面。实际上，另一个很重要的相似性还体现在这两种流动都共同遵守的克雷伯定律——这个定量的规律上面。该规律描述了新陈代谢和生物体体积之间的幂律关系。如果我们将一个网络社区如贴吧看作一个生物体，那么，贴吧的新陈代谢占意流和这些贴吧的总占意流（体积）也遵循着广义的克雷伯定律。

用户的占意流对于虚拟世界中的数字资源来说可以看作一种能量流。我们知道，真实世界中的生物体需要获取外界的食物以捕获能量流，这就是生物体新陈代谢的本质。在生物界，这种能量的新陈代谢满足一个被称为克雷伯定律（Kleiber's law）的基本数学法则 [1]。该定律指出，无论是细胞还是大象，所有生物体的新陈代谢和它的体积之间都必然满足 3/4 的幂律关系。这条定律是如此地精确和普适，以至于人们将其称为生物学界的开普勒定律。

克雷伯定律

生物学中的克雷伯定律是由生物学家马克斯·克雷伯（Max Kleiber）于 1932 年经过大量的实验得到的一个实证性规律。它体现为生物体的新陈代谢（F）与该

生物体的体重（*M*）之间满足一个很好的 3/4 幂律关系，即

$$F=cM^b$$

其中，*c* 是一个比例常数，*b* 为幂律指数，为 3/4。如果我们将生物体的 *F* 和 *M* 两个量绘制在双对数坐标下，就得到了图 A-1[2]。

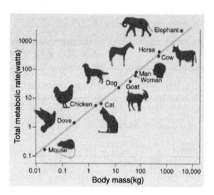

图 A-1　生物体满足克雷伯定律

图中，所有的数据都汇聚到了一条直线上，这条直线的斜率刚好等于 0.75，说明这些生物体满足克雷伯定律。

后来，科学家进一步验证了这条定律，并发现它的适用范围非常广，从细胞到大象、鲸鱼，从冷血动物到植物，都满足这一定律。

广义的克雷伯定律是指有些系统的新陈代谢和体量之间的关系（例如社区的 UV 和 PV）也满足公式，只不过幂指数 *b* 并不等于 3/4。

假如说占意流就相当于能量流，数字资源对占意流的获取就相当于新陈代谢，那么数字资源本身是否满足克雷伯定律呢？

为了验证这个猜想，我们选择了百度贴吧作为研究对象。我们知道百度贴吧是一个由各种贴吧构成的大型网络社区。我们可以将一个贴吧看作一个生物体，将贴吧内的一个个帖子看作它的细胞，将用户在不同帖子之间的跳转看作生物体内的血液流动，将单位时间内该贴吧吸引的用户数（UV）看作它从外界获取的新陈代谢能量流，将该贴吧在一个时间段内获得的总浏览量（PV）看作贴吧的体积，那么我们只需要验证 UV 和 PV 之间是否遵循以 3/4 为指数的幂律关系就可以了。如图 A-2 所

示，我们展示了 3 个贴吧的 UV-PV 关系图 [3]。

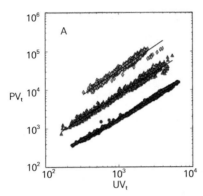

图 A-2　百度贴吧的广义克雷伯定律（另见彩插）

令人吃惊的是，对于贴吧来说，虽然它的主题不同，体积大小也不同，但是它们也遵循广义的克雷伯定律，即新陈代谢和体积遵循幂律关系，只不过幂律指数不再是固定的 3/4，而是会因贴吧的不同而不同。在图 A-2 中，我们展示了 3 个不同贴吧的广义克雷伯定律，每个贴吧（同一种颜色的点）在不同小时内的点在双对数坐标下形成了一条直线，这些直线的斜率就是该贴吧的幂律指数。

既然不同贴吧的幂指数（斜率）不同，那么它的大小反映的是什么呢？进一步研究发现，这个幂指数可以看作该贴吧的一种交互黏性度量：即幂指数越大，该贴吧成员之间的互动性越强。而且这个交互黏性的度量相比较其他黏性指标具有稳定、反映动态信息等特点。经过实证数据的分析，我们还发现那些热度比较高、用户比较活跃的贴吧的确黏性程度越高，而那些不活跃的小吧，黏性程度也低。

由此我们得出结论，至少从广义的克雷伯定律角度来看，虚拟世界中的贴吧与真实世界的生命体遵循着类似的新陈代谢法则。这让我们再一次确信生物世界中的能量流与虚拟世界中的占意流的相似性。其次，一个有意义的结论是，我们找到了一种新的度量网站或论坛黏性程度的指标。该指标能够更好地反映成员之间的互动情况。

交互黏性

由于贴吧满足广义的克雷伯定律，也就是说

$$PV=cUV^b$$

根据这个式子，我们可以得到：

$$PV/UV=cUV^{b-1}$$

而我们知道：PV/UV 刚好就是平均每个用户的浏览数量 L。

如果 $b=1$，那么 L 就与 UV 无关。所以，无论浏览贴吧的用户有多少，每个用户的浏览数都是一个常数。这说明用户彼此之间没有交互。

如果 $b>1$，那么 L 会随着 UV 的增长而增长，并且 b 越大，L 会增长得越快。这说明，更多的用户就会带来更多的每用户的平均访问量。因此，用户越多就会越激活每个人的积极性，导致每个用户更愿意浏览贴吧来与别人互动。所以，我们说 b 是一种交互黏性。

同时，由于 b 的计算依赖于一个贴吧在多个不同小时内的整体表现，所以 b 可以反映贴吧的动态信息，即当贴吧的访问用户增加 1% 的时候，每用户的平均访问量能增加多少。

另外，根据图 A-2 我们看到，b 不会随着贴吧的尺度 PV 或者 UV 而变，所以它是一个稳定的量。

最后，b 只与不同的贴吧有关，所以它是贴吧的一种本征属性。

参考文献

[1]   Kleiber M. Body size and metabolism. Hilgardia (1932) 6, 315-353.

[2]   Mackenzie D. New clues to why size equals destiny. Science, 1999, 284(5420): 1607-1609.

[3]   Lingfei W, Jiang Z, Min Z. The Metabolism and Growth of Web Forums; PLoS ONE 2014, 9(8): e102646.

[4]   Chialvo D, Torrado A M G, Gudowska-Nowak E, et al. How we move is universal: Scaling in the average shape of human activity[J]. Papers in Physics, 2015, 7: 070017.

[5]   Friedman N, Ito S, Brinkman B A W, et al. Universal critical dynamics in high resolution neuronal avalanche data[J]. Physical Review Letters, 2012, 108(20): 208102.

[6]   傅渥成 . 临界：智能的设计原则 . (2015). http://t.cn/RypqULQ